世界技能大赛技术标准转化项目教材
编写委员会名单

汤伟群　胡鸿章　曹小萍　张利芳　陈海娜　张泽光　杨武波
蔡旭菱　罗　旋　林天升　陈定桔　何伟文　吴多万　谭钰怡
王晓丹　王军萍　钟　莎

"十三五"职业教育国家规划教材

世界技能大赛技术标准转化项目教材

客户端/服务器 商务软件系统开发

张泽光　谭钰怡　王晓丹　著

暨南大学出版社
JINAN UNIVERSITY PRESS

中国·广州

图书在版编目（CIP）数据

客户端/服务器商务软件系统开发/张泽光，谭钰怡，王晓丹著 . —广州：暨南大学出
版社，2018.10（2022.2 重印）
（世界技能大赛技术标准转化项目教材）
ISBN 978 - 7 - 5668 - 2481 - 3

Ⅰ.①客…　Ⅱ.①张…②谭…③王…　Ⅲ.①软件开发—教材　Ⅳ.①TP311.52

中国版本图书馆 CIP 数据核字（2018）第 229482 号

客户端/服务器商务软件系统开发

KEHUDUAN/FUWUQI SHANGWU RUANJIAN XITONG KAIFA

著　者：张泽光　谭钰怡　王晓丹

出 版 人：张晋升
责任编辑：黄文科　刘碧坚
责任校对：冯月盈
责任印制：周一丹　郑玉婷

出版发行：暨南大学出版社（510630）
电　　话：总编室（8620）85221601
　　　　　营销部（8620）85225284　85228291　85228292　85226712
传　　真：（8620）85221583（办公室）　85223774（营销部）
网　　址：http：//www.jnupress.com
排　　版：广州尚文数码科技有限公司
印　　刷：广州一龙印刷有限公司
开　　本：787mm×1092mm　1/16
印　　张：7.5
字　　数：170 千
版　　次：2018 年 10 月第 1 版
印　　次：2022 年 2 月第 2 次
定　　价：38.00 元

总　序

　　广州市工贸技师学院商务软件解决方案项目团队经过2014—2018年四年的努力，实现了世界技能大赛"商务软件解决方案项目"的技术标准转化为"商务软件开发与应用"新专业成果的输出。2016年，在遵循职业教育规律和职业教育一体化专业课程开发规范的基础上，项目团队根据新专业成果完成了世界技能大赛技术标准转化项目教材的编写。

　　教材共分为八种，包括《商务文件创建与建模》《单机商务软件开发》《商务软件快速开发》《客户端/服务器商务软件系统开发》《浏览器/服务器商务软件系统开发》《数据库模型分析与商务软件开发》《移动商务软件系统开发》《团队合作商务软件系统开发——网上商城》。每种教材与世界技能大赛技术标准转化为专业课程设置完全对应。

　　项目开发团队参照世界技能大赛商务软件解决方案项目的测试题目模式，结合企业商务软件开发的过程进行教材任务的编写，参考世界技能大赛测试题目的考核方式进行成果导向与展示考核，根据世界技能大赛的技术标准及能力进行综合评价，确保专业培养目标、课程目标、任务目标、考核目标的一致性。

　　世界技能大赛技术标准转化项目教材不仅适合商务软件专业的教学人员、世界技能大赛项目的研究者、世界技能大赛教练以及参赛选手使用，还可以作为企业商务软件开发的参考资料。

　　在本次世界技能大赛技术标准转化的研究过程中，感谢汤伟群、胡鸿章、曹小萍、张利芳、陈海娜、张泽光、杨武波、蔡旭菱、罗旋、林天升、陈定桔、何伟文、吴多万、谭钰怡、王晓丹、王军萍、钟莎等专家和教练提供的支持与帮助。

由于水平有限，书中如有错漏之处，恳请各位专家和读者批评指正！

广州市工贸技师学院商务软件解决方案项目团队

2018 年 6 月

前　言

技工院校的教学方法直接关系到技能型人才的培养，技工院校以往的一些教学方法和手段已经越来越显示出其单一性与不足，很难适应和符合新型工业化人才的培养要求，技能型人才培养模式势在必行。一体化教学模式在职教界越来越受重视和青睐。一体化教学有广义和狭义之分，广义的一体化教学是一种理想的职教教学模式，在实践当中很难实现；狭义的一体化教学是指一体化课程教学。

人力资源和社会保障部"为贯彻落实《中共中央办公厅　国务院办公厅印发〈关于进一步加强高技能人才工作的意见〉的通知》精神，进一步深化技工院校教学改进，加快技能人才培养，推动技工教育可持续发展"，专门制订了《技工院校一体化课程教学改革试点工作方案》，以文件的形式肯定了一体化课程教学的必要性，指出了"一体化课程教学是深入贯彻科学发展观，提高技能人才培养质量，加快技能人才规模化培养的有效方法，更是探索中国特色技工教育改革与发展之路"。

基于此背景，广州市工贸技师学院进行了一体化课程教学的改革，按照经济、社会发展的需要和技能人才培养的规律，根据国家职业标准及国家技能人才培养标准，以职业能力培养为目标，通过典型工作任务分析，构建一体化课程教学体系，并以具体工作任务为学习载体，按照工作过程和学生自主学习要求设计安排教学活动。在进行改革的过程中，广州市工贸技师学院根据教学经验，编撰了相应的教材以辅助学生学习。

在一体化课程教材的编写过程中，体现了"以职业能力为培养目标，以具体工作任务为学习载体，按照工作过程和学生自主学习要求设计安排教学活动、学习活动"的一体化教学理念，遵循能力本位原则、学生主体原则、符合课程标准原则、理论知识"适用、够用"原则、可操作性原则。本教材编写分工作过程与学习过程两条线，既各成体系，又相互对应、密切配合；基于工作过程的角度，呈现结构清晰、完整的工作过程，覆盖全面系统的工作过程知识，具体解决"做什么，怎么做"的问题；基于学习过程的角度，紧紧围绕基于工作过程的教材，设计体系化的引导问题，具体解决"学什么、怎么学、为什么这么做、如何做得更好"的问题。

本教材共有两个任务：一是开发一个基于 .NET 平台的简单客户关系管理软件（CRM）；二是设计客户关系管理软件的测试方案。学生在实训过程中，通过对客户关系的背景调研、市场调研、可行性分析，完成网络分销的用户需求分析、数据库设计、系统设计、软件开发、软件测试。

学生通过完成本教材的各项工作任务，能做到自主开发平台，运用数据库等开发工具进行软件源代码的编写，并掌握软件界面 UI 的设计、软件的调试测试、数据库创建等一系列软件开发技能，养成良好的职业素养。

作 者

2018 年 5 月

Contents

目　录

第一章 客户端/服务器商务软件系统开发课程描述

一、典型工作任务

客户端/服务器系统，英文名称 Client/Server System，简称 C/S 系统，是一类按新的应用模式运行的分布式计算机系统。在 C/S 系统中，能为应用提供服务（如文件服务、打印服务、拷贝服务、图像服务、通信管理服务等）的计算机或处理器，当其被请求服务时就成为服务器。与服务器相对的提出服务请求的计算机或处理器在当时就是客户端机。C/S 系统已广泛应用于中小型工商企业和机关等部门。

商务软件开发人员必须能够胜任独立完成 C/S 系统的软件开发工作任务，根据客户端/服务器的系统开发要求，开发人员应具备较为完善的.NET 的 C#应用开发技术，具有较强的分析能力和商务系统设计能力，能够系统地完成项目分析与设计、开发、实施、管理与维护的任务。

商务软件开发人员从主管处领取任务书，与主管、客户沟通确定功能需求，制订系统项目计划，运用 C#语言及 SQL Server 数据库的基本操作完成整个系统的开发，并运用单元测试及功能测试等基础软件测试手段对软件开发成果进行质量检验，最后撰写软件功能和使用方法的简介，连同软件一起交付给客户。

作业过程中，应遵守软件开发企业及用户企业的相关规定，同时在软件设计和开发的过程中，应按照软件开发行业的标准完成工作，尽可能地方便客户使用。

二、职业能力要求

完成工作任务后，学生能够使用 C#开发语言基于系统开发平台进行系统设计、开发、测试等工作，养成良好的职业素养，具体目标为：

（1）能与主管沟通，阅读任务书，并与用户沟通，确认用户的软件开发需求。

（2）使用 C#开发语言进行面向对象的软件设计。

（3）能使用多种开发工具，例如 ASP. NET、VS. NET、Eclipse、NetBeans、JBuilder、JDeveloper、IDEA、JCreator、Workshop 进行软件开发。

（4）能使用 J2EE、Hibernate 等流行技术，HTML、CSS 等脚本语言进行软件编辑。

（5）能进行系统程序测试和程序设计。

（6）根据异常信息比较快速地定位问题的原因和大致位置进行排错。

（7）编写的代码必须符合流行的编码规范，例如类名首字母大写，成员和方法名首字母小写等。

（8）在完成任务的过程中，体现良好的职业素养和认真负责的态度。任务工作流程遵守自身企业和用户企业的管理规范。

三、学习内容

学习内容包括以下几个方面：

（1）与用户进行沟通、调研，完成软件的业务需求与功能设计。

（2）使用 C#、J2EE、Hibernate 常用类库进行软件源代码编辑。

（3）系统的调试、测试与 BUG 修改。

（4）C/S 服务器的安装、部署和发布。

（5）关键信息搜索技巧。

（6）商务软件的功能概要设计说明、数据字典和数据库设计。

（7）报表的多条件组合查询、统计和图形化呈现。

（8）网络软件架构、C/S 网络架构的建立。

（9）系统测试计划、测试方案以及测试报告的编写。

四、学习任务

学习任务名称和所需要的学时如下表所示。

学习任务名称及学时

序号	学习任务名称	学时
1	开发一个基于 . NET 平台的简单客户关系管理软件（CRM）	120
2	设计客户关系管理软件的测试方案	40

五、任务组织

1. 任务组织概况

在真实工作情境或模拟工作情境下运用行动导向教学理念实施教学，采取 3～6 人为一组的分组教学形式，并在学习和工作的过程中注重学生职业素养的培养。

2. 配备资源

（1）场地与设备。

配置可连接互联网的通用型计算机机房（1 生/工位），实训室须具备良好的照明和通风条件，分为集中教学区、分组实训区、信息检索区、成果展示区。

（2）工具与材料。

按工位配置任务书、计算机、软件开发环境；Visual Studio、SQL Server、Office 套装软件（展示成果、制作软件相关文档时使用）；常用工具软件、U 盘和工作日志模板。

（3）教学资料。

教师课前准备任务书、工作页、教材、工作日志模板等教学资料，必要时向学生提供。

六、考核模式

课程结束后对学生软件开发能力、逻辑思维能力、演讲表达能力和总结归纳能力进行考核。建议采用过程性评价和终结性评价相结合的方式，过程性评价占总成绩的30%，终结性评价占总成绩的70%。

1. 过程性评价

建议采用自我评价、小组评价和教师评价相结合的方式进行，评价内容可包括学生的工作态度、职业素养、工作与学习成果等。

2. 终结性评价

建议采用学生未学过但与已学过的学习任务难度相近的"客户端/服务器商务软件开发"的工作任务为载体，要求学生完成该工作任务以考核学生的软件开发能力。

七、考核任务案例：小型客户关系管理系统开发

1. 任务描述

某公司为了积累客户经验和进行销售人员的管理，传递优秀销售经验，并规范企业流程，特请你为该公司开发一套客户关系管理系统，可以实现员工权限的分配，在客户端进行客户信息的录入和销售信息的录入，进行客户概况分析、利润情况分析等，并进行报表的生成和打印。

2. 考核方案

（1）考核要点。

写出开发该系统需要用到的五个关键技术点及其相关的命令和控件，其中：

①提供完整的数据库文件、数据字典和功能概要设计（5%）。

②完整的系统要求实现客户端/服务器的架构（30%）。

③完整的系统要求使用组合条件查询数据（10%）。

④完整的系统要求数据分析与统计报表有图形化的呈现（10%）。

⑤完整的系统要求良好的代码编写规范（5%）。

⑥根据测试方案，对软件开发成果进行测试（5%）。

⑦所有交付用户的成果必须符合用户的要求（30%）。

⑧任务过程中体现出应有的职业素养（5%）。

（2）评分标准。

具体的评分标准、子标准和评分要素及其权重将参照世界技能大赛商务软件解决方案项目评分标准设计。

（3）过程性测评模式（30%）。

说明：权值按学时比例分布。

①输出成果（70%）。

②平时考勤（10%）。

③学习态度（20%）。

（4）终结性测评模式（70%）。

①收集输出成果、评分标准。

②学生个人展示作品：PPT 讲解、软件演示。

③任课老师提问、学生答辩。

④统一评分：任课老师（100％）。

（5）参与测评人员。

①过程性测评为任课老师。

②终结性测评为任课老师。

（6）参考资料。

完成上述任务时，学生可以使用参考教材、过往的任务书、工作日志等参考资料。

第二章　工作任务

一、任务描述

某企业为了更好地管理企业的销售和市场，维系客户关系，有效缩短销售周期，帮助企业获得更显著的效益，决定开发一套系统，将市场活动、线索、商业机会、销售跟踪和预测等进行有机整合，还可以对销售业绩、销售财务数据进行部分统计。

1. 企业背景

客户是公司最宝贵的资源，为了更好地发掘老客户的价值，并开发更多新客户，公司决定开发客户关系管理系统，希望通过这个系统完成对客户基本信息、联系人信息、交往信息、客户服务信息的充分共享和规范化管理；希望通过对销售机会、客户开发过程的追踪和记录，提高新客户的开发能力；希望在客户将要流失时系统能够及时预警，以便销售人员及时采取措施，降低损失，并希望系统提供相关报表，以便公司高层随时了解公司客户情况。

客户服务是涉及多个部门、存在一定流程的工作。客户服务水平的高低决定着公司的核心竞争力。该客户关系管理系统应提供一个客户服务在线平台，使相关人员可以在客户服务处理的过程中在线完成服务的处理和记录工作。

本系统主要包括营销管理、客户管理、服务管理、统计报表和基础数据五个功能模块。此外，权限管理模块用于系统的用户、角色和相关权限管理，邮件收发模块用于获得客户的详细需求，文档管理模块用于客户信息文件的存储。

2. 任务需求分析

（1）CRM 概述。

客户关系管理系统用于管理与客户相关的信息和活动，但不包括产品信息、库存数据与销售活动，这三部分内容由其公司销售系统进行管理。但本系统需要提供产品信息查询功能、库存数据查询功能和历史订单查询功能。

（2）用户和角色。

与本系统相关的用户和角色包括：

①系统管理员：管理系统用户、角色与权限，保证系统正常运行。

②销售主管：对客户服务进行分配；创造销售机会；对销售机会进行指派；对特定销售机会制订客户开发计划；分析客户贡献、客户构成、客户服务构成和客户流失数据，定期提交客户管理报告。

③客户经理：维护负责的客户信息；接受客户服务请求，在系统中创建客户服务；处理分派给自己的客户服务；对处理的服务进行反馈；创建销售机会；对特定销售机会制订并执行客户开发计划；对负责的流失客户采取"暂缓流失"或"确定流失"的措施。

④高管：审查客户贡献数据、客户构成数据、客户服务构成数据和客户流失数据。

（3）系统功能。

客户关系管理系统用例图如图2-1所示，管理子系统用例图及详细的用例描述见"功能性需求"部分。

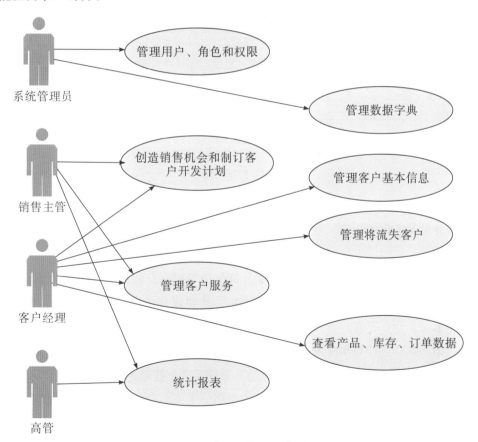

图2-1　客户关系管理系统用例图

（4）功能性需求。

本系统分营销管理、客户管理、客服管理、统计报表、基础数据、邮件收发、文档管理和权限管理八个模块。以下对其中几个重要的模块分述如下：

①营销管理。营销管理模块包含销售机会的管理和对客户开发过程的管理，包括销售机会管理、客户开发计划，如图2-2所示。

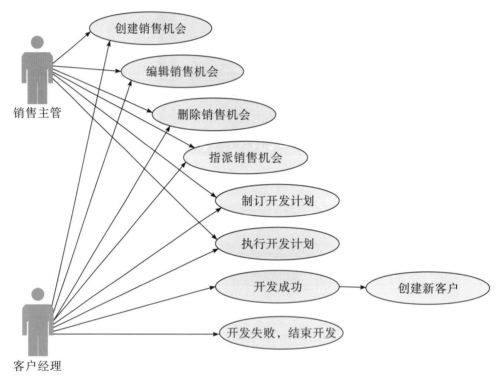

图2-2　营销管理模块

营销的过程是开发新客户的过程。对老客户的销售行为不属于营销管理的范畴。客户经理有开发新客户的任务，在客户经理发现销售机会时，应在系统中录入该销售机会的信息。销售主管也可以在系统中创建销售机会。

所有的销售机会由销售主管进行分配，每个销售机会分配给一个客户经理。客户经理对分配给自己的销售机会制订客户开发计划，计划好分几步开发，以及每个步骤的时间和具体事项。制订完客户开发计划后，客户经理按实际执行情况填写计划中每个步骤的执行效果。在开发计划结束的时候，根据开发结果的不同，设置该销售机会为"开发失败"或"开发成功"。如果开发客户成功，系统自动创建新的客户记录。

②客户管理。客户信息是公司资产的构成部分之一，应对其进行妥善保管、充分利用。每个客户经理都有责任维护自己负责的客户信息，随时更新。在本模块中，客户信息将得到充分的共享，从而发挥最大的价值。有调查表明，公司的大部分利润来自老客

户，开发新的客户成本相对较高而且风险相对较大。因此我们有必要对超过6个月没有购买公司产品的客户予以特殊关注，防止现有客户流失。客户管理模块包括客户信息管理、客户管理、客户流失管理、客户交往记录等，如图2-3所示。客户管理亦可纳入营销管理模块。

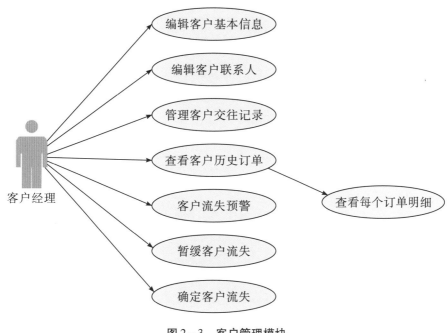

图2-3 客户管理模块

③客服管理。客户服务是客户管理的重要工作。我们的销售团队可以及时帮助客户解决问题、打消顾虑，提高客户满意度，还可以帮助我们随时了解客户的动态，以便采取应对措施。客服管理模块如图2-4所示。具体的客户服务管理系统中的处理流程如图2-5所示。

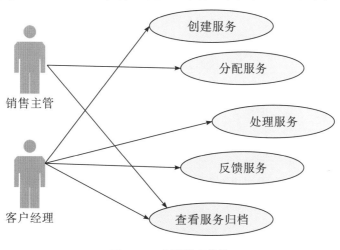

图2-4 客服管理模块

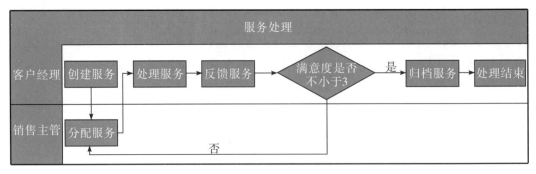

图 2 – 5　客服处理流程图

④基础数据。对系统中需要采用已选择的方式输入的输入项的候选项，统一通过数据字典来配置，比如服务类型、客户等级等，如图 2 – 6 所示。

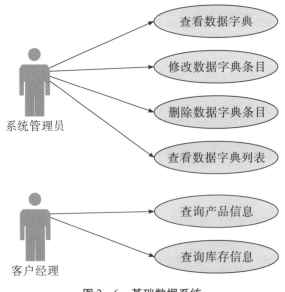

图 2 – 6　基础数据系统

3. 任务目标和实施效果

（1）任务目标。

①根据任务需求编写数据字典、功能概要设计说明书和设计数据库。

②实现客户端/服务器的架构（C/S 架构）。

③使用组合条件查询数据。

④数据分析与统计报表，要求有图形化的呈现。

⑤良好的代码编写规范。

（2）实施效果。

①完整的数据字典和功能概要设计说明书。

②可运行的完整系统程序和数据库。

③完整系统的源代码。

二、工作任务一：开发一个基于 . NET 平台的简单客户关系管理软件（CRM）

1. 任务要求

（1）需求分析：根据用户需求绘制系统功能架构图、业务流程图，功能包括登录、创建基础资料如客户资料等，采购功能业务如采购申请、发货、付款。

（2）创建数据库：根据用户需求和数据字典，创建系统数据库。

（3）界面设计：根据用户需求搭建框架，设计系统界面。

（4）程序开发：完成登录、基础资料、采购、发货应用程序的代码编辑与调试。

（5）界面人性化：提供合适的验证和错误提示信息。

（6）按要求提交任务成果。

（7）所有相关的按钮、链接在本阶段能够运行。

（8）系统内所有名称使用合适、命名规范。

（9）每个窗体标题和功能要求的图形与名称一致。

2. 任务成果清单

本任务需要提交的任务成果清单如表 2 - 1 所示。（说明：所有文件保存在 MODULE_1 文件夹）

表 2 - 1　任务成果清单

序号	内容	命名	备注
1	数据库文件	CrmData. mdf CrmData. ldf	数据库分离文件
2	E - R 图	CRM_ER_× ×. jpg	× ×序号表示一个系统可拆分多个 E - R 图
3	CRM 功能结构图	Function_diagram_× ×. jpg	× ×为序号，如 01 或 02
4	CRM 业务流程图	Operation_flow_× ×. jpg	× ×为序号，如 01 或 02

（续上表）

序号	内容	命名	备注
5	应用程序	CRMApp. exe	可执行文件。含应用程序的必备文件如CRMApp. exe. config和资源。包含功能：登录、基础资料、营销管理、客户管理、客户关系处理、客户服务
6	CRM 源代码	CRMApp	提交源代码文件夹

3. 知识和技能要求

在完成本任务之前，需要掌握软件开发的基本知识和技能要求，具体如表 2 - 2所示。

表 2 - 2　知识和技能要求

序号	知识和技能	参考资料	备注
1	C#语言基础	《C#高级编程（第 9 版）》第 2 章"核心 C#"、第 3 章"对象和类型"	程序开发的语言基础。在开发程序之前需掌握的最基础的知识与技能
2	WinForm 设计基础	《C#高级编程（第 9 版）》第 2 章"核心 C#"、第 3 章"对象和类型"、第 6 章"数组"	WinForm 的基本控件、布局、美工
3	VS. NET 开发平台	《C#高级编程（第 9 版）》第 17 章"Visual Studio 2013"、第 18 章"部署"	软件设计和开发的平台，了解并使用 Visual Studio 2008、Visual Studio 2012、Visual Studio 2013、Visual Studio 2015 或更新版本进行商务软件开发
4	SQL Server 基础语法	《SQL Server 从入门到精通》第 7 章"T-SQL 概述"、第 8 章"SQL 数据语言操作"、第 9 章"SQL 数据查询"	Insert、Update、Delete 基本语法

（续上表）

序号	知识和技能	参考资料	备注
5	SQL Server 管理工具	《SQL Server 从入门到精通》第2章"初识SQL Server 2008"、第3章"管理SQL Server 2008"、第4章"创建与管理数据库"	SQL Server 平台；了解 SQL Server 2000、SQL Server 2005、SQL Server 2008 等版本；能使用 SQL Server 2014 或更高版本进行数据库的创建，表的创建、导入和导出，数据库备份、还原，数据库分离，数据库的管理以及维护
6	Power Designer	参考网上教程	数据库建模工具。学会数据库快速建模
7	视图	《SQL Server 从入门到精通》第5章"操作数据表与视图"	多个表的关联，掌握视图的创建、修改、删除以及使用方法
8	数据库存储过程（建议在开发过程中使用更多存储过程）	《SQL Server 从入门到精通》第10章"存储过程和触发器"	数据库的中级应用，使用数据库存储过程来完成任务
9	UI 设计	《C#高级编程（第9版）》第41章"ASP. NET Web Forms"	掌握 UI 设计工具或者 VS. NET 设计工具
10	Word、PPT、Visio、Excel 等基本文档和设计文档	《Office 2013 办公应用：从新手到高手》《Visio 2013 教程：快速入门指南》	基本的计算机基础知识，需要绘制 E－R图、业务流程图、数据流等
11	CRM 的业务知识	参考网上的客户关系案例	

4. 任务内容

4.1 绘制客户关系管理系统（CRM）功能结构图

根据表2－3的功能模块，绘制客户关系管理系统（CRM）的功能结构图。

表2－3 客户关系管理系统（CRM）功能结构表

序号	父级模块	子级模块	备注
1	无	客户关系管理系统（CRM）	系统的顶端模块，在功能结构图的最顶端

（续上表）

序号	父级模块	子级模块	备注
2	客户关系管理系统（CRM）	基础数据	二级菜单，标准化所有数据
		营销管理	二级菜单，CRM核心模块
		客服管理	二级菜单
3	基础数据	数据字典	对系统中需要采用已选择的方式输入的输入项的候选项，统一通过数据字典来配置。比如服务类型、客户等级等
		产品数据	可以根据产品的名称、型号、批次进行查询
		查询库存	可以根据产品和仓库进行查询
4	营销管理	销售机会管理	三级菜单。营销的过程是开发新客户的过程，对老客户的销售行为不属于营销管理的范畴。客户经理有开发新客户的任务，在客户经理发现销售机会时，应在系统中录入该销售机会的信息
		客户开发计划	对"已指派"的销售机会制订开发计划，执行开发计划，并记录执行结果。客户开发成功还将创建新的客户记录
		客户信息管理	录入客户的相关信息
		客户流失管理	系统将对超过6个月没有购买行为的客户进行标记，生成表单
5	客服管理	客户服务创建	客户服务是客户管理的重要工作。通过客户服务，我们的销售团队可以及时帮助客户解决问题、打消顾虑，提高客户满意度，还可以帮助我们随时了解客户的动态，以便采取应对措施
		客户服务分配	销售主管对状态为"新创建"的服务单据进行分配，专事专管
		客户服务处理	被分配处理服务的客户经理负责对服务请求做出处理，并在系统中录入处理的方法
		客户服务反馈	对状态为"已处理"的服务单据主动联系客户进行反馈，填写处理结果
		客户服务归档	系统可以对已归档的服务进行查询、查阅，便于参考解决类似问题
		客户贡献分析	对客户下单的总金额进行统计，了解客户对企业的贡献
		客户构成分析	了解某种类型的客户有多少及所占比例
		客户服务分析	根据服务类型对服务进行统计
		客户流失分析	查看已经确认流失的客户流失记录

要求：

（1）根据功能结构表，绘制客户关系管理系统（CRM）的功能结构图。

（2）客户关系管理系统（CRM）功能结构图需要有三层结构。

（3）上下级功能附属关系正确。

4.2 创建客户关系管理数据字典

创建客户关系管理数据字典，根据任务需求分析创建数据表，使用 Excel 进行设计。

要求：

（1）数据类型数据表：包括类型编号、类型名称、条目、值、是否可编辑。（见表2－4）

表 2－4 数据类型数据表

KEY	FIELD NAME	DATA TYPE/FIELD SIZE	REQUIRED?	NOTES
PK	TypeNo	NVARCHAR（10）	Y	类型编号
	TypeName	VARCHAR（100）	Y	类型名称
	Entry	NVARCHAR（10）	N	条目
	Value	NVARCHAR（10）		值
	IsEdit	NVARCHAR（1）		是否可编辑。Y 表示可编辑，N 表示不可编辑
	Ruid	ID		自动生成
	CreateDate	NVARCHAR（10）		System Date yyyy/dd/mm
	CreateTime			System Time hh：mm：ss
	CreateUser			System User
	UpdateUser			修改用户
	UpdateDate			修改日期
	UpdateTime			修改时间

（2）产品数据表：包括产品编码、名称、型号、等级/批次、单位、单价等。（见表2-5）

表2-5　产品数据表

KEY	FIELD NAME	DATA TYPE/FIELD SIZE	REQUIRED?	NOTES
PK	EINo	NVARCHAR（10）	Y	产品编码
	EIName	VARCHAR（100）	Y	名称
	Model	NVARCHAR（10）	N	型号
	Grade	NVARCHAR（10）		等级/批次
	Unit	NVARCHAR（1）		单位
	Price	DECIMAL		单价
	Remark	VARCHAR（100）		备注
	Ruid	ID		自动生成
	CreateDate	NVARCHAR（10）		System Date yyyy/dd/mm
	CreateTime			System Time hh：mm：ss
	CreateUser			System User
	UpdateUser			修改用户
	UpdateDate			修改日期
	UpdateTime			修改时间

（3）用户信息表：包括用户编码、用户姓名、密码、电话、住址、职位等。（见表2-6）

表2-6　用户信息表

KEY	FIELD NAME	DATA TYPE/FIELD SIZE	REQUIRED?	NOTES
PK	UserNo	NVARCHAR（10）	Y	用户编码
	UserName	VARCHAR（100）	Y	用户姓名
	Pwd	NVARCHAR（15）		密码
	UserTel	NVARCHAR（10）	N	电话
	Addr	NVARCHAR（100）		住址
	Position	NVARCHAR（1）		职位
	Remark	VARCHAR（100）		备注
	Ruid	ID		自动生成
	CreateDate	NVARCHAR（10）		System Date yyyy/dd/mm

（续上表）

KEY	FIELD NAME	DATA TYPE/FIELD SIZE	REQUIRED?	NOTES
	CreateTime			System Time hh：mm：ss
	CreateUser			System User
	UpdateUser			修改用户
	UpdateDate			修改日期
	UpdateTime			修改时间

（4）销售机会表：包括清单、机会来源、客户编码、成功率、概要、联系人、联系电话、机会描述、指派用户等。（见表2－7）

表2－7　销售机会表

KEY	FIELD NAME	DATA TYPE/FIELD SIZE	REQUIRED?	NOTES
PK	SoList	NVARCHAR（20）	Y	清单，自动生成
	Source	VARCHAR（100）	Y	机会来源
FK	SuNo	NVARCHAR（15）		客户编码，客户信息表
	SuccessRate	NVARCHAR（10）	N	成功率
	Outline	NVARCHAR（100）		概要
	SuMan	NVARCHAR（10）		联系人
	SuTel	NVARCHAR（11）		联系电话
	OpportunitiesRemk	NVARCHAR（500）		机会描述
FK	UserNo	NVARCHAR（20）		指派用户
	StList			状态。0表示未分配， 1表示已指派
	Remark	VARCHAR（100）		备注
	Ruid	ID		自动生成
	CreateDate	NVARCHAR（10）		System Date yyyy/dd/mm
	CreateTime			System Time hh：mm：ss
	CreateUser			System User
	UpdateUser			修改用户
	UpdateDate			修改日期
	UpdateTime			修改时间

（5）客户开发计划表：包括清单、执行日期、计划项目、执行状态等。（见表 2 – 8）

表 2 – 8　客户开发计划表

KEY	FIELD NAME	DATA TYPE/FIELD SIZE	REQUIRED?	NOTES
	SoList	NVARCHAR（20）	Y	清单，关联销售机会
	CDate	NVARCHAR（10）		执行日期
	Item	NVARCHAR（50）		执行项目
	StList	NVARCHAR（1）	N	N 表示未执行，Y 表示已经执行
	Outline	NVARCHAR（100）		概要
	SuMan	NVARCHAR（10）		联系人
	SuTel	NVARCHAR（11）		联系电话
	OpportunitiesRemk	NVARCHAR（500）		机会描述
	Remark	VARCHAR（100）		备注
	Ruid	ID		自动生成
	CreateDate	NVARCHAR（10）		System Date yyyy/dd/mm
	CreateTime			System Time hh：mm：ss
	CreateUser			System User
	UpdateUser			修改用户
	UpdateDate			修改日期
	UpdateTime			修改时间

（6）客户信息表：包括客户编码、名称、地区、客户等级、客户满意度、客户信用度、地址、邮政编码、电话、传真、网址、营业执照等。（见表 2 – 9）

表 2 – 9　客户信息表

KEY	FIELD NAME	DATA TYPE/FIELD SIZE	REQUIRED?	NOTES
	SuNo	NVARCHAR（20）	Y	客户编码
	SuName	NVARCHAR（10）		名称
	Area	NVARCHAR（50）		地区
	Registration	NVARCHAR（1）	N	客户等级
	Satisfaction	NVARCHAR（100）		客户满意度
	Credit	NVARCHAR（10）		客户信用度
	Addr	NVARCHAR（200）		地址
	PostCode	NVARCHAR（500）		邮政编码

（续上表）

KEY	FIELD NAME	DATA TYPE/FIELD SIZE	REQUIRED?	NOTES
	Tel	NVARCHAR（11）		电话
	Fax	NVARCHAR（11）		传真
	WebSite	NVARCHAR（50）		网址
	License	NVARCHAR（20）		营业执照
	LegalPerson	NVARCHAR（50）		法人
	Capital	DECIMAL		注册资本
	Annualturnover	DECIMAL		年营业额
	BankDeposit	NVARCHAR（50）		开户行
	BankAccount	NVARCHAR（20）		银行账户
	LocalTaxNo	NVARCHAR（20）		地税登记号
	StateTaxNo	NVARCHAR（20）		国税登记号
	Remark	VARCHAR（100）		备注
	StList	VARCHAR（20）		默认为"正常"
	Ruid	ID		自动生成
	CreateDate	NVARCHAR（10）		System Date yyyy/dd/mm
	CreateTime			System Time hh：mm：ss
	CreateUser			System User
	UpdateUser			修改用户
	UpdateDate			修改日期
	UpdateTime			修改时间

（7）客户联系表：包括姓名、职位、性别、办公电话、手机等。（见表2-10）

表2-10 客户联系表

KEY	FIELD NAME	DATA TYPE/FIELD SIZE	REQUIRED?	NOTES
	SuNo	NVARCHAR（20）		客户代号
	FullName	NVARCHAR（20）		姓名
	Position	NVARCHAR（10）		职位
	Sex	NVARCHAR（50）		性别
	OfficeTel	NVARCHAR（1）	N	办公电话
	Tel	NVARCHAR（100）		手机
	Remark	VARCHAR（100）		备注
	Ruid	ID		自动生成

（续上表）

KEY	FIELD NAME	DATA TYPE/FIELD SIZE	REQUIRED?	NOTES
	CreateDate	NVARCHAR（10）		System Date yyyy/dd/mm
	CreateTime			System Time hh：mm：ss
	CreateUser			System User
	UpdateUser			修改用户
	UpdateDate			修改日期
	UpdateTime			修改时间

（8）客户交往表：包括时间、地点、概要、详细信息等。（见表2-11）

表2-11　客户交往表

KEY	FIELD NAME	DATA TYPE/FIELD SIZE	REQUIRED?	NOTES
	SuNo	NVARCHAR（20）		客户代号
	Date	NVARCHAR（20）		时间
	Addr	NVARCHAR（10）		地点
	Outline	NVARCHAR（100）		概要
	Detailed	NVARCHAR（500）	N	详细信息
	Remark	VARCHAR（100）		备注
	Ruid	ID		自动生成
	CreateDate	NVARCHAR（10）		System Date yyyy/dd/mm
	CreateTime			System Time hh：mm：ss
	CreateUser			System User
	UpdateUser			修改用户
	UpdateDate			修改日期
	UpdateTime			修改时间

（9）客户订单表：包括订单号、客户编码、日期、送货地址、状态等。（见表2-12）

表2-12　客户订单表

KEY	FIELD NAME	DATA TYPE/FIELD SIZE	REQUIRED?	NOTES
PK	Order	NVARCHAR（20）		订单号

（续上表）

KEY	FIELD NAME	DATA TYPE/FIELD SIZE	REQUIRED?	NOTES
FK	SuNo	NVARCHAR（20）		客户编码，关联客户表
	Date	NVARCHAR（10）		日期
	SAddr	NVARCHAR（100）		送货地址
	StList	NVARCHAR（1）		Y 表示已回款，N 表示未回款
	Remark	VARCHAR（100）		备注
	Ruid	ID		自动生成
	CreateDate	NVARCHAR（10）		System Date yyyy/dd/mm
	CreateTime			System Time hh：mm：ss
	CreateUser			System User
	UpdateUser			修改用户
	UpdateDate			修改日期
	UpdateTime			修改时间

（10）订单明细表：包括订单号、产品编码、数量、单价、金额等。（见表 2 – 13）

表 2 – 13　订单明细表

KEY	FIELD NAME	DATA TYPE/FIELD SIZE	REQUIRED?	NOTES
PK	Order	NVARCHAR（20）		订单号
FK	EINo	NVARCHAR（20）		产品编码，关联产品信息表
	Qty	INT		数量
	Price	DECIMAL		单价
	Total	DECIMAL		金额
	Remark	VARCHAR（100）		备注
	Ruid	ID		自动生成
	CreateDate	NVARCHAR（10）		System Date yyyy/dd/mm
	CreateTime			System Time hh：mm：ss

（续上表）

KEY	FIELD NAME	DATA TYPE/FIELD SIZE	REQUIRED?	NOTES
	CreateUser			System User
	UpdateUser			修改用户
	UpdateDate			修改日期
	UpdateTime			修改时间

（11）客户流失表：包括客户编码、客户名称、上次下单时间、确定流失时间、暂缓措施、流失原因等。

表 2-14　客户流失表

KEY	FIELD NAME	DATA TYPE/FIELD SIZE	REQUIRED?	NOTES
PK	SuNo	NVARCHAR（20）		客户编码
FK	SuNa	NVARCHAR（20）		客户名称
	PrDate	DATETIME		上次下单时间
	ChurnTime	DATETIME		确定流失时间
	Measures	NVARCHAR（100）		暂缓措施
	Reason	NVARCHAR（200）		流失原因
	StList	NVARCHAR（1）		0 表示暂缓流失，1 表示确定流失
	Remark	VARCHAR（100）		备注
	Ruid	ID		自动生成
	CreateDate	NVARCHAR（10）		System Date yyyy/dd/mm
	CreateTime			System Time hh：mm：ss
	CreateUser			System User
	UpdateUser			修改用户
	UpdateDate			修改日期
	UpdateTime			修改时间

（12）客户服务表：包括服务单号、客户编码、服务类型、概要、分配用户、状态、服务人员、处理时间、处理结果、满意度等。

表 2-15 客户服务表

KEY	FIELD NAME	DATA TYPE/FIELD SIZE	REQUIRED?	NOTES
PK	ServiceList	NVARCHAR（20）		服务单号，唯一性
FK	SuNo	NVARCHAR（20）		客户编码
FK	ServiceType	NVARCHAR（20）		服务类型
	Outline	NVARCHAR（100）		概要
FK	UserNo	NVARCHAR（10）		分配用户
	StList	NVARCHAR（1）		0 表示新建，1 表示已分配，2 表示已处理
FK	ServiceUser	NVARCHAR（10）		服务人员
	ServiceDate	DATETIME		处理时间
	Result	NVARCHAR（20）		处理结果
	Satisfaction	NVARCHAR（10）		满意度
	Remark	VARCHAR（100）		备注
	Ruid	ID		自动生成
	CreateDate	NVARCHAR（10）		System Date yyyy/dd/mm
	CreateTime			System Time hh：mm：ss
	CreateUser			System User
	UpdateUser			修改用户
	UpdateDate			修改日期
	UpdateTime			修改时间

4.3 创建登录界面窗体

登录界面是每个系统的入口。因此，要求您创建客户关系管理系统（CRM）的登录窗口。

输入要素：用户可以输入用户名和密码。

执行事件：用户名和密码输入框校验。

执行按钮：登录。

输出要素：进入系统主界面、退出系统。

登录界面设计如图 2-7。

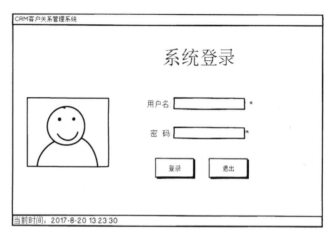

图 2-7　系统登录界面

界面设计要求：

（1）窗体需要有标题。

（2）WinForm 布局合理。

（3）需要头像控件。

（4）需要有用户名和密码输入框，以及 2 个事件按钮。

（5）时间显示控件。

功能要求：

（1）数据库连接校验：登录程序时启动数据库连接，如果不成功则提示数据库连接失败，如图 2-8。

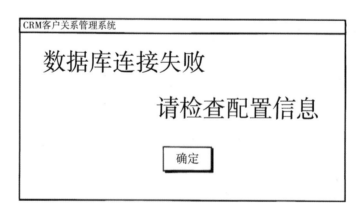

图 2-8　数据库连接失败提示

（2）用户名输入框校验：当焦点离开用户编辑框或输入用户名按回车键时进行事件校验，将输入框的数据与数据库用户名进行对比，如果输入框为空则提示客户用户名不能空，数据库不存在则提示无效用户名，如图 2-9。

图 2-9 用户名校验提示

（3）密码校验：当用户输入密码并按回车键时，系统执行登录程序。如果密码错误则提示密码错误，密码不能用明文表示则提示密码不能为空。密码校验错误提示如图2-10。

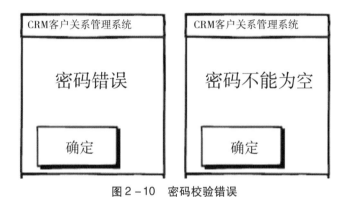

图 2-10 密码校验错误

（4）登录校验：点击登录按钮，进行用户名和密码校验。登录成功后进入系统主界面，如图 2-11。

图 2-11 进入客户关系管理系统（CRM）主界面

（5）退出按钮：释放程序，退出客户关系管理系统（CRM）。

（6）时间显示：登录界面（所有的界面除报警窗体外）都要显示当前的时间。

4.4 创建客户关系管理系统（CRM）主界面

创建客户关系管理系统（CRM）主界面，主界面是用户最频繁切换的 WinForm 界面。

输入元素：本页面展示系统的功能模块。

执行事件：链接事件，本窗体更多充当中转站，作为其他模块的输入口。

按钮：用户管理、基础数据、营销管理、客服管理、退出系统。

输出元素：显示各种链接按钮。

界面设计如图 2 – 12。

图 2 – 12　客户关系管理系统（CRM）主界面

界面设计要求：

（1）窗体需要有标题。

（2）WinForm 布局合理。

（3）5 个链接按钮。

（4）时间显示控件。

（5）用户名显示控件。

（6）右上角有退出图标。

功能要求：

（1）用户管理：点击用户管理，进入用户管理模块，也就是用户管理子系统的主界面，如图2-13。

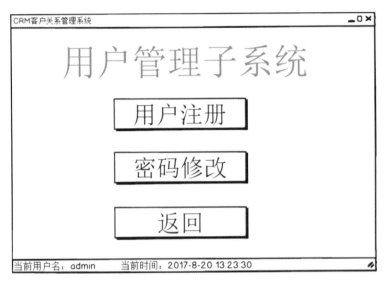

图2-13 用户管理子系统界面

（2）基础数据管理：点击基础数据按钮，进入基础数据维护子界面，如图2-14。

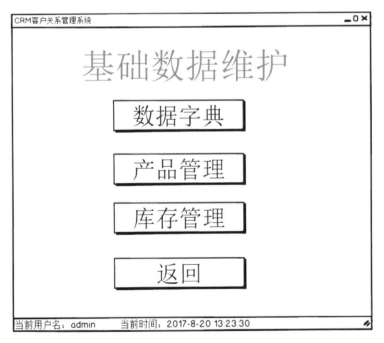

图2-14 基础数据维护子界面

（3）营销管理：点击营销管理按钮，进入营销管理子界面，如图2-15。

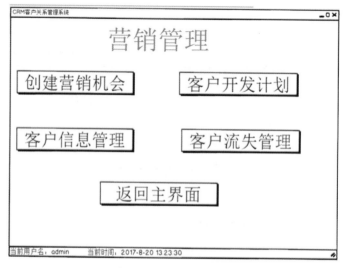

图2-15 营销管理子界面

（4）客服管理：点击客服管理，进入客服管理子界面，如图2-16。

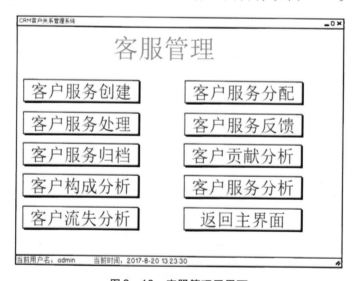

图2-16 客服管理子界面

（5）退出按钮：释放程序，退出客户关系管理系统（CRM）。

（6）返回主界面按钮是直接返回到系统主界面，如图2-17所示。

图2-17　返回系统主界面

（7）时间显示：登录界面（所有的界面除报警窗体外）都要显示当前的时间。

（8）用户显示：左下角需要显示用户姓名。

4.5　创建数据字典管理应用窗体

对系统中需要采用已选择的方式输入的输入项的候选项，统一通过数据字典来配置，比如服务类型、客户等级等。

输入要素：每个数据字典项由系统自动生成的编号、类别（如：服务类型）、条目（如：咨询）和值（如：1）构成。数据字典项有的可编辑，有的不可编辑，只能查看。

输出要素：数据字典数据。

创建如图2-18数据字典管理的主窗体。

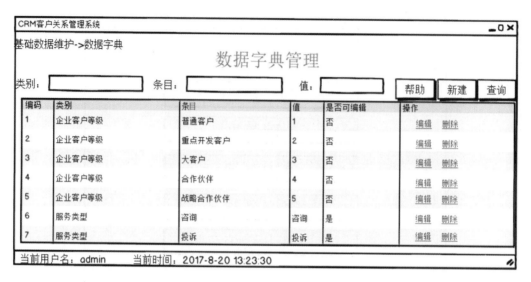

图 2-18 数据字典管理主窗体

界面要求：

（1）窗体需要有标题。

（2）WinForm 布局合理。

（3）需要有菜单链接路径。

（4）控件要求：需要有查询编辑框（类别、条目、值）。

（5）需要有 DataGrid 数据表。

（6）有新建、帮助以及查询按钮。

（7）有时间显示控件。

（8）有用户名显示控件。

（9）右上角有退出图标。

功能要求：

（1）数据查询功能：能根据模糊查询进行数据查询。

（2）帮助按钮：点击帮助按钮弹出帮助文档（此页面的操作手册）。

（3）数据显示功能：数据表能根据条件显示对应数据。

（4）新建按钮：进入新建数据窗体如图 2-19 所示。

（5）编辑按钮：进入数据编辑窗体如图 2-22 所示。

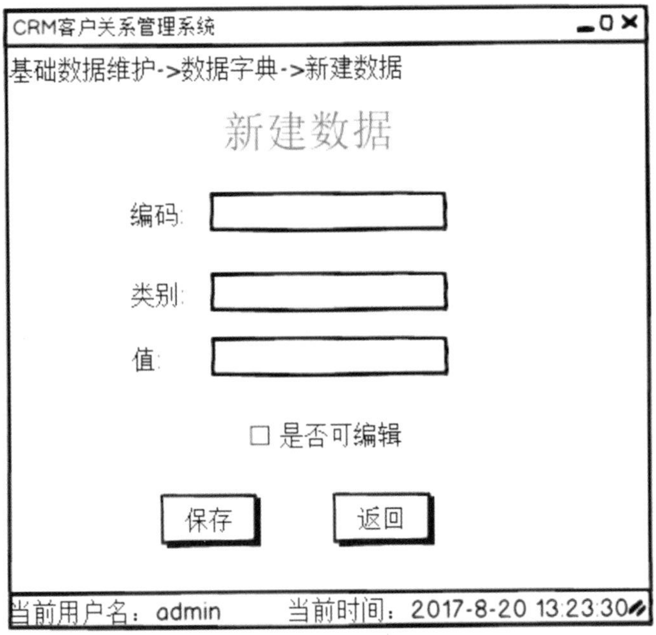

CRM客户关系管理系统　＿□✕

基础数据维护->数据字典->新建数据

新建数据

编码：

类别：

值：

□ 是否可编辑

保存　　　返回

当前用户名：admin　　当前时间：2017-8-20 13:23:30

图2-19　新建数据

界面要求：

（1）窗体需要有标题。

（2）WinForm布局合理。

（3）需要有菜单链接路径。

（4）控件要求：需要有3个编辑框和2个按钮。

（5）有时间显示控件。

（6）有用户名显示控件。

（7）右上角有退出图标。

图2-20　数据字典建立成功

图2-21　数据字典建立失败

功能要求：

（1）数据编辑功能：所有的字段都可以编辑。

（2）数据校验功能：编码不能重复；编码必须唯一，报错提示如图2-21所示。

（3）数据保存功能：点击新增按钮能保存数据；保存成功后提示如图2-20所示。

（4）窗体返回功能：点击返回按钮能进入上级菜单。

（5）显示用户名和时间。

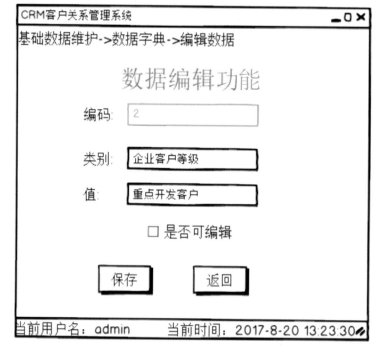

图2-22　数据编辑功能

界面要求：

（1）窗体需要有标题。

（2）WinForm布局合理。

（3）需要有菜单链接路径。

（4）控件要求：需要有3个编辑框和2个按钮。

（5）有时间显示控件。

（6）有用户名显示控件。

功能要求：

（1）数据编辑功能：编码不能编辑。

（2）数据校验功能：编码不能重复。

（3）数据保存功能：点击保存按钮更新数据，如图2-23所示。

（4）窗体返回功能：点击返回按钮能进入上级菜单。

（5）显示用户名和时间。

（6）异常提示：使用 try/catch 异常处理语句，正常提示错误信息如图 2-24 所示。

图 2-23 数据字典更新成功   图 2-24 数据字典更新失败

4.6 创建产品数据管理应用窗体

对系统中需要产品数据选项，统一通过产品信息进行管理，比如电视机、笔记本、冰箱等。

输入要素：每个产品数据都有产品编码、品牌、型号、等级、单位、单价、备注。

输出要素：根据产品的名称、型号、批次进行查询。能新增、删除、编辑产品信息。

创建如图 2-25 所示的产品数据管理主窗体。

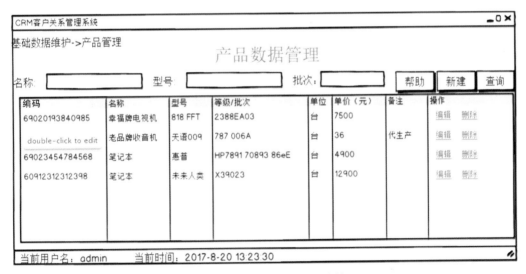

图 2-25 产品数据管理主窗体

界面要求：

（1）窗体需要有标题。

（2）WinForm 布局合理。

（3）需要有菜单链接路径。

（4）控件要求：需要有查询编辑框（名称、型号、等级/批次）。

（5）需要有 DataGrid 数据表。

（6）有新建、帮助以及查询按钮。

（7）有时间显示控件。

（8）有用户名显示控件。

（9）右上角有退出图标。

功能要求：

（1）数据查询功能：能根据模糊查询进行数据查询。

（2）帮助按钮：点击帮助按钮弹出帮助文档（此页面的操作手册）。

（3）数据显示功能：数据表能根据条件显示对应数据。

（4）新建按钮：进入新建产品窗体如图 2-26 所示。

（5）编辑按钮：进入产品编辑窗体如图 2-31 所示。

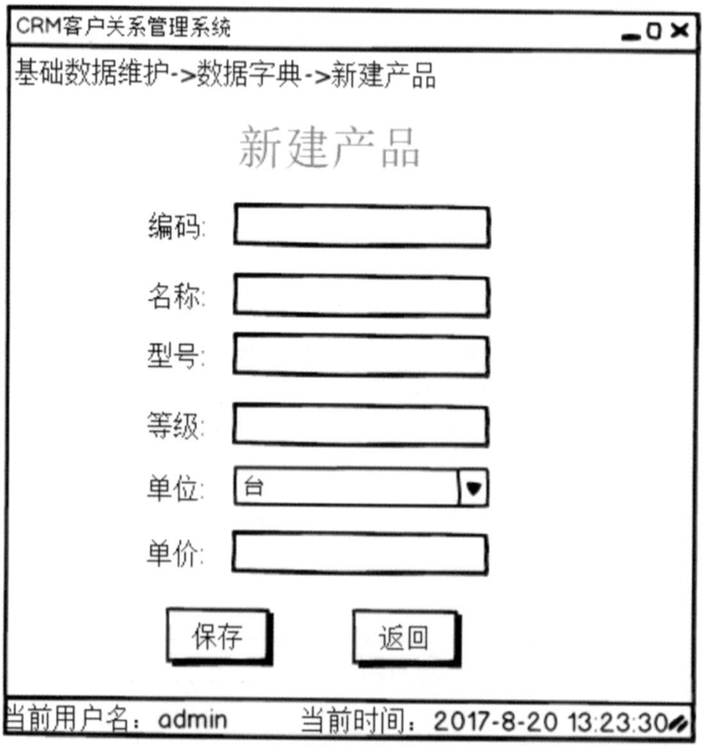

图 2-26　新建产品窗体

界面要求：

（1）窗体需要有标题。

（2）WinForm 布局合理。

（3）需要有菜单链接路径。

（4）控件要求：需要有 5 个编辑框，1 个选项框，2 个按钮。

（5）有时间显示控件。

（6）有用户名显示控件。

（7）右上角有退出图标。

功能要求：

（1）数据编辑功能：所有的字段都可以编辑。

（2）单价编辑框：需要检验，必须是数值；其他数值需要异常提示如图 2 – 27 所示；要求使用 try/catch 异常报错提示。

（3）单位选项框：从数据字典表选取。

（4）数据校验功能：编码不能重复；如图 2 – 28 所示。

（5）数据保存功能：点击新增按钮能保存数据；保存成功如图 2 – 29 所示。

（6）窗体返回功能：点击返回按钮能进入上级菜单。

（7）显示用户名和时间。

（8）需要有明确的异常数据信息如图 2 – 30 所示。

图 2 – 27　新建产品数据保存失败界面一

图 2 – 28　新建产品数据保存失败界面二

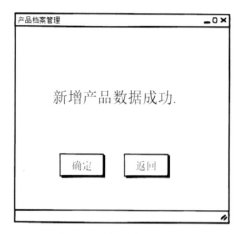

产品档案管理
新增产品数据成功.
确定
返回

图 2－29　新增产品数据成功

产品档案管理
字段范围超出了大小范围
请控制在有限的范围内
确定
返回

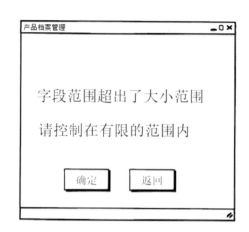

图 2－30　字段范围超出了大小范围

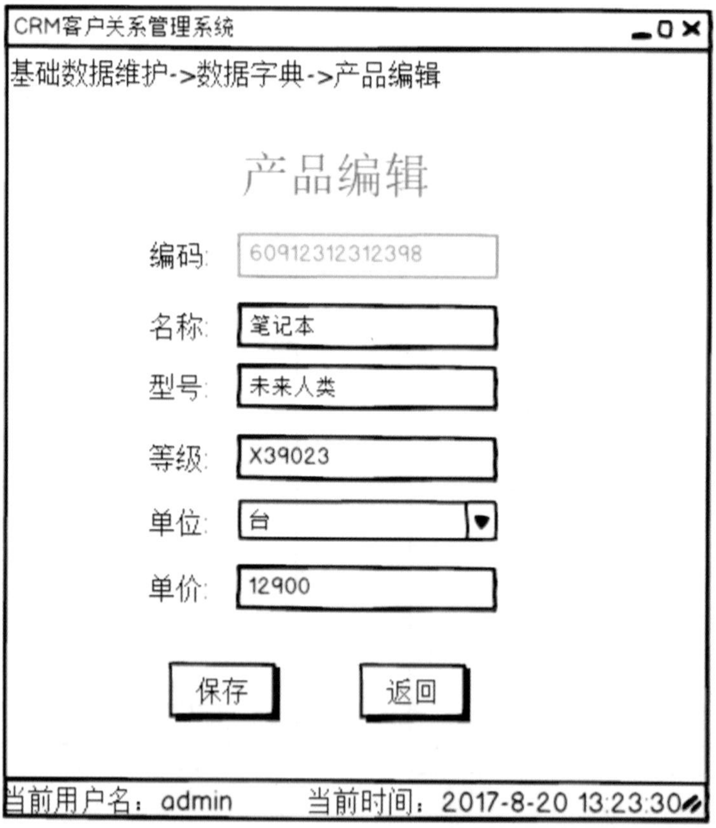

CRM客户关系管理系统
基础数据维护->数据字典->产品编辑
产品编辑
编码: 60912312312398
名称: 笔记本
型号: 未来人类
等级: X39023
单位: 台
单价: 12900
保存
返回
当前用户名：admin
当前时间：2017-8-20 13:23:30

图 2－31　产品编辑窗体

界面要求：

（1）窗体需要有标题。

（2）WinForm 布局合理。

（3）需要有菜单链接路径。

（4）控件要求：需要有6个编辑框和2个按钮。

（5）有时间显示控件。

（6）有用户名显示控件。

功能要求：

（1）数据编辑功能：编码不能编辑。

（2）数据自动填充：主窗体传值到子窗体，字段自行填充。

（3）数据保存功能：点击保存按钮更新数据。

（4）窗体返回功能：点击返回按钮能进入上级菜单。

（5）显示用户名和时间。

（6）异常提示明确与清晰，如图2-27、2-28、2-30所示。

4.7　创建库存管理应用窗体

为了处理客户服务的需要，本系统需要从销售系统中读取并查询库存数据。

输入要素：可以根据产品和仓库进行查询。

输出要素：列出符合查询条件的库存记录。

创建如图2-32所示的库存查询窗体。

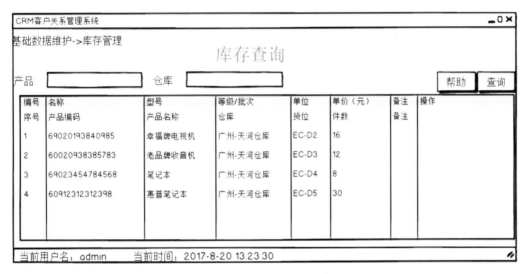

图2-32　库存查询窗体

界面要求：

（1）窗体需要有标题。

（2）WinForm布局合理。

（3）需要有菜单链接路径。

（4）控件要求：需要有 3 个编辑框和 2 个按钮。

（5）有时间显示控件。

（6）有用户名显示控件。

功能要求：

（1）数据查询功能：根据条件进行模糊查询。

（2）显示所有的库存数据，超过 10 条记录需要分页。

（3）点击帮助按钮，弹出帮助对话框如图 2-33 所示。

（4）点击右上角的关闭按钮返回到主界面。

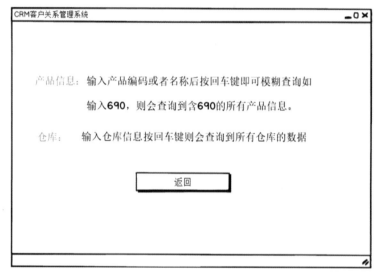

图 2-33　库存查询的帮助界面

4.8　创建创建销售机会应用窗体

输入要素如表 2-16：

表 2-16　创建销售机会的输入要素

数据项	说明	输入格式	是否必填
单据	系统自动生成	文本	
机会来源		文本	
客户名称		文本	是
成功概率	从 0 到 100 的百分比，如 80%	文本	是
概要	对销售机会的简要描述	文本	是
联系人	系统自动生成	文本	
联系电话		文本	
机会描述		文本	是

处理流程：从页面获取输入信息，在数据库中创建新记录。提示"保存成功"，或报告相应错误。页面必填项未填时不允许提交表单。

创建如图 2-34 所示的创建销售机会应用窗体。

图 2-34　创建销售机会应用窗体

界面要求：

（1）窗体需要有标题。

（2）WinForm 布局合理。

（3）需要有菜单链接路径。

（4）控件要求：需要有 10 个输入框和 3 个按钮。

（5）有时间显示控件。

（6）有用户名显示控件。

（7）窗体能自由放大和缩小。

功能要求：

（1）数据编辑功能：除单据、时间、创建人外都可以编辑。

（2）数据长度要求：根据字段大小限制输入框的长度。

（3）单据自动生成：格式 A（1 位）+YYYY－MM－DD（8 位年月日）+流水号(3 位)。

（4）创建人：根据登录用户自动填充，不可编辑。

（5）时间：采用系统时间（注意是数据库所在电脑时间）。

（6）数据按钮事件：点击“保存”按钮能将数据进行保存如图 2－35；如果有异常，即数据保存异常如图 2－36；点击“返回”按钮回到主界面。

（7）帮助按钮事件：点击“帮助”按钮，弹出新建营销机会的帮助文档如图2－37所示。

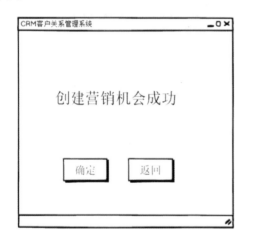

CRM客户关系管理系统
创建营销机会成功
确定
返回

图 2－35　数据保存成功提示

CRM客户关系管理系统
创建营销机会失败！！！
SQL语句Insert into 处理异常
请使用断点进行调试
确定
返回

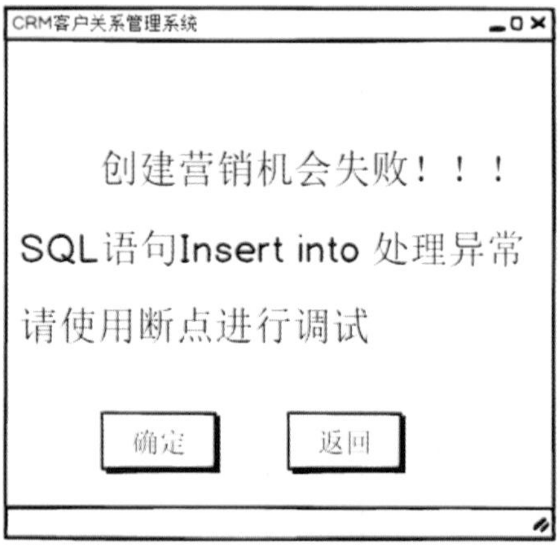

图 2－36　数据保存异常提示

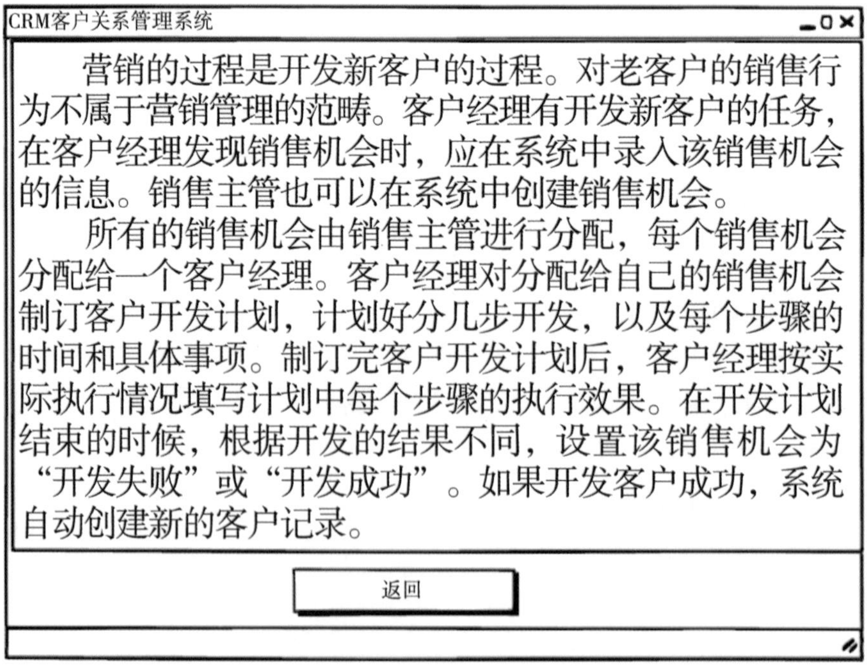

CRM客户关系管理系统
营销的过程是开发新客户的过程。对老客户的销售行为不属于营销管理的范畴。客户经理有开发新客户的任务，在客户经理发现销售机会时，应在系统中录入该销售机会的信息。销售主管也可以在系统中创建销售机会。
所有的销售机会由销售主管进行分配，每个销售机会分配给一个客户经理。客户经理对分配给自己的销售机会制订客户开发计划，计划好分几步开发，以及每个步骤的时间和具体事项。制订完客户开发计划后，客户经理按实际执行情况填写计划中每个步骤的执行效果。在开发计划结束的时候，根据开发的结果不同，设置该销售机会为“开发失败”或“开发成功”。如果开发客户成功，系统自动创建新的客户记录。
返回

图 2－37　帮助文档

4.9 创建修改销售机会应用窗体

对未分配的销售机会记录可以编辑。

销售主管根据各客户经理的负责分区、行业特长等对销售机会进行指派。每个销售机会指派给一个客户经理，专事专人。指派成功后，销售机会状态改为"已指派"。

输入要素：

在销售机会管理的列表页面列出所有状态为"未分配"的销售机会记录，可选择一条进行编辑。在编辑页面，可以对机会来源、客户名称、成功概率、概要、联系人、联系人电话、机会描述进行编辑。其他信息不可编辑。

进行指派时需要选择输入客户经理，系统自动输入指派时间。两项都是必输入项。

处理流程：

在销售机会管理的列表页面选择"未分配"的销售机会进行编辑，跳转到编辑页面；在编辑页面填入更新的信息，提交表单，保存新的信息到数据库。提示"保存成功"或报告相应错误。页面必填项未填时不允许提交表单。

创建如图2-38所示的销售机会列表应用窗体。

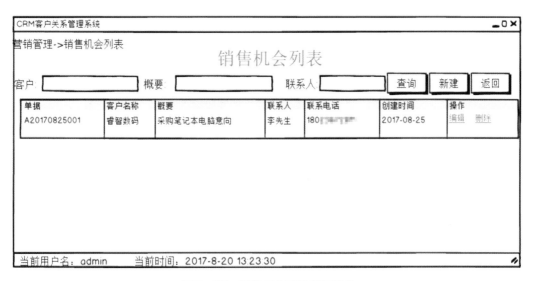

图2-38 销售机会列表应用窗体

界面要求：

（1）窗体需要有标题。

（2）WinForm布局合理。

（3）需要有菜单链接路径。

（4）控件要求：需要有3个输入框和3个按钮、1个数据显示表。

（5）有时间显示控件。

（6）有用户名显示控件。

（7）窗体能自由放大和缩小。

功能要求：

（1）显示功能：所有数据都需要显示历史记录表。

（2）数据长度要求：根据字段大小限制输入框的长度。

（3）编辑和删除功能：已经指派销售机会的单子不能进行编辑和删除。

（4）查询：根据条件进行模糊查询。

（5）新建按钮：进入如图 2-39 所示的创建销售机会应用窗体。

图 2-39　创建销售机会应用窗体

（6）编辑：进入如图 2-40 所示的编辑销售机会应用窗体。

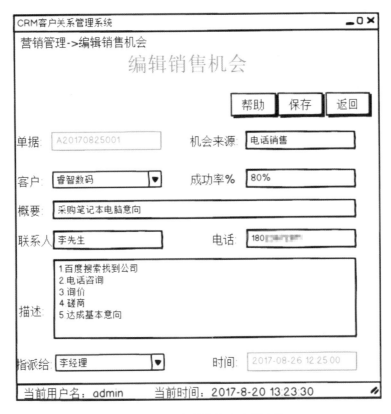

图 2-40　编辑销售机会应用窗体

（7）点击"返回"按钮：回到主界面。

4.10　创建客户开发计划应用窗体

对"已指派"的销售机会制订开发计划，执行开发计划，并记录执行结果。客户开发成功还将创建新的客户记录。

客户经理对分配给自己的销售机会制订开发计划。

输入要素：

在制订开发计划时，应显示出销售机会的详细信息。客户经理可以通过新建计划项，编辑已有的计划项，或删除计划项，针对一个销售机会来制订客户开发计划。每个计划项包括两个输入要素：日期和计划内容，都是必输入项。日期的输入格式为"2017-08-13"。

处理流程：

首先选择"已指派"的销售机会进行指定计划的操作，然后制订计划，提交并更新当前页面时在计划项列表中显示新建的计划项。

创建如图 2-41 所示的客户开发计划主窗体。

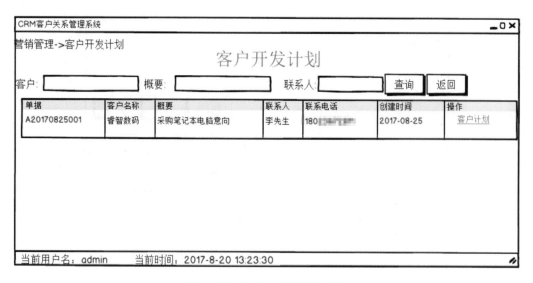

图2-41 客户开发计划主窗体

功能要求:

(1) 显示已经指派的销售机会。

(2) 点击"客户计划"按钮,进入如图2-42所示的新建客户开发计划窗体。

图2-42 新建客户开发计划窗体

界面要求：

（1）窗体需要有标题。

（2）WinForm 布局合理。

（3）需要有菜单链接路径。

（4）控件要求：不能少于窗体的控件。

（5）有时间显示控件。

（6）有用户名显示控件。

（7）窗体能自由放大和缩小。

功能要求：

（1）显示功能：根据单据显示所有的客户执行计划。

（2）编辑功能：所有输入框都不能编辑。

（3）新增按钮：进入如图 2 - 43 所示的新增计划窗体；完成保存后更新数据。

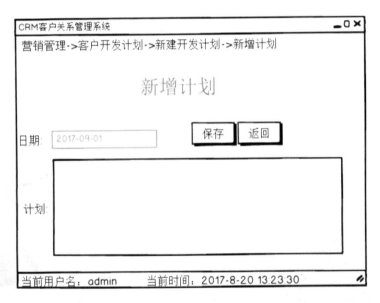

图 2 - 43 新增计划窗体

（4）编辑按钮：进入如图 2 - 44 所示的编辑计划窗体。

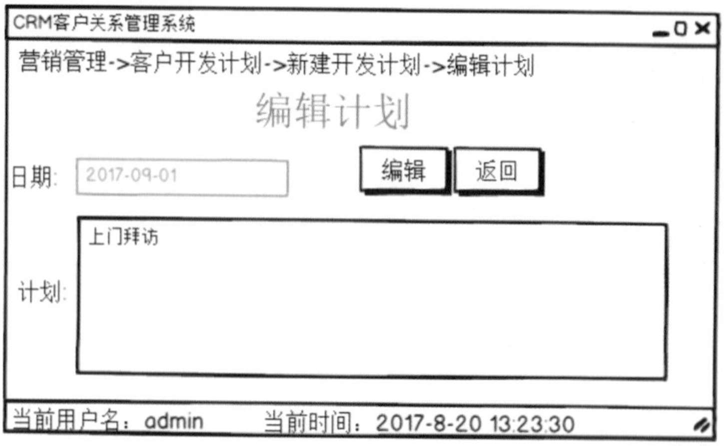

图2-44 编辑计划窗体

（5）删除按钮：删除指定记录。

（6）新增/编辑计划时，时间是以实际时间为准，不能修改。

（7）执行按钮：进入如图2-45所示的执行计划主窗体。

4.11 创建执行客户开发计划应用窗体

完成客户开发计划的制订后，客户经理开始按照计划内容执行客户开发计划，并及时记录执行效果。

输入要素：

对每个计划项填写执行效果并保存。

创建如图2-45所示的执行计划主窗体。

图2-45 执行计划主窗体

功能要求：

（1）客户计划不允许编辑。

（2）保存执行效果。

（3）更改执行状态。

4.12　创建客户信息管理应用窗体

客户信息是公司资产的构成部分之一，应对其进行妥善保管、充分利用。

每个客户经理都有责任维护自己负责的客户信息。在本系统中，客户信息得到充分的共享，从而发挥最大的价值。有调查表明，公司的大部分利润来自老客户，开发新客户成本相对较高而且风险相对较大。因此我们有必要对超过 6 个月没有购买公司产品的客户予以特殊关注，防止现有客户流失。

输入要素：

客户编码、客户名称、地区、客户经理、客户等级、客户满意度、客户信用度、电话、地址、邮编、传真、网址、法人、营业执照、注册资金、年营业额、开户行、银行账户、地税（登记号）、国税（登记号）；地区、客户等级的候选项由数据字典维护；客户经理候选项是所有状态为"正常"的系统用户。客户满意度和客户信用度候选项的值都是 1~5。

创建如图 2-46 所示的客户信息管理应用窗体。

图 2-46　客户信息管理应用窗体

要求：

（1）界面要求：不能少于界面要求的控件。

（2）查询要求：根据客户信息、名称、地区、客户经理、等级进行模糊查询。

（3）新建按钮：进入如图 2-48 所示的新建客户信息界面。

（4）返回按钮：回到营销主界面。

（5）删除按钮：删除对应记录以及相关记录，需要警报提示，如图 2-47 所示。

（6）编辑按钮：进入如图 2 – 49 所示的编辑客户信息界面。

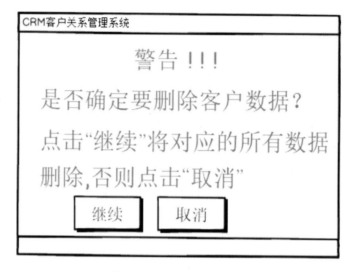

图 2 – 47　数据删除警告

创建如图 2 – 48 所示的新建客户信息界面。

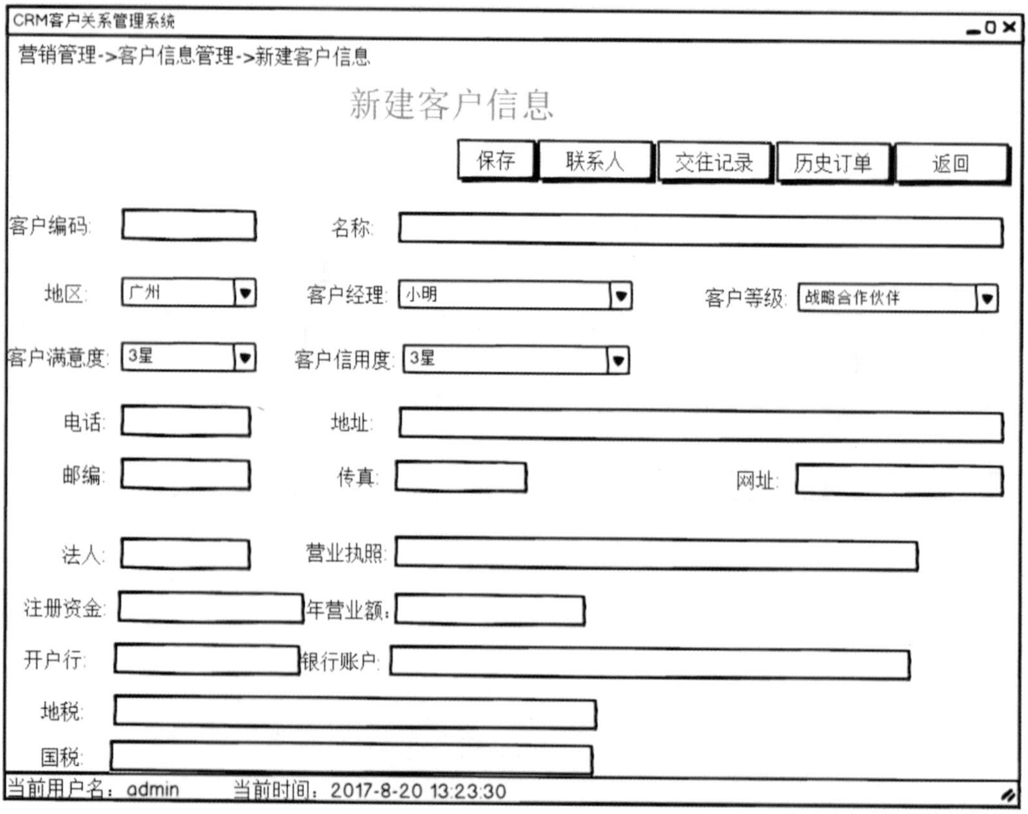

图 2 – 48　新建客户信息界面

要求：

（1）界面要求：不能少于界面要求的控件。

（2）数据编辑：客户编码需要唯一性校验。

（3）地区、信用度、满意度、客户等级选项框的数据来源于数据字典。

（4）客户经理选项框数据来自于用户表。

（5）保存按钮：完成数据保存功能。

（6）返回按钮：返回客户信息管理主界面。

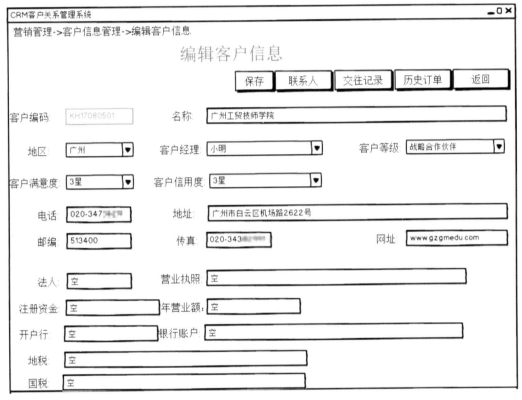

图2-49　编辑客户信息界面

要求：

（1）界面要求：不能少于界面要求的控件。

（2）编辑要求：客户编码不能编辑。

（3）保存按钮：除客户编码之外的所有数据更新。

（4）对应字段的数据自动填充。

（5）联系人：进入联系人管理应用窗体如图2-50。

（6）交往记录：进入客户交往记录管理应用窗体如图2-53。

（7）历史订单：进入客户订单历史记录管理应用窗体如图2-56。

4.13 创建联系人管理应用窗体

一个客户可以有多个联系人。

输入要素：

新建联系人时必须输入姓名、性别、职位和办公电话，还可输入手机号码和备注信息。注意：联系人是属于某个客户的。

处理流程：

选择一个客户，显示其所有联系人的列表，从中选择进行编辑或删除操作，还可以给该客户添加联系人。

输出要素：

客户的联系人信息。

创建如图 2-50 所示的联系人管理应用窗体。

图 2-50　联系人管理应用窗体

要求：

（1）界面要求：不能少于界面要求的控件。

（2）数据填充功能：根据客户编码自动填充数据。

（3）根据客户编码自动查询联系人数据。

（4）新建按钮：进入如图 2-51 所示的新建联系人界面。

（5）编辑按钮：进入如图 2-52 所示的编辑联系人界面。

（6）删除按钮：直接删除联系人信息。

（7）返回按钮：进入如图 2-49 所示的编辑客户信息界面。

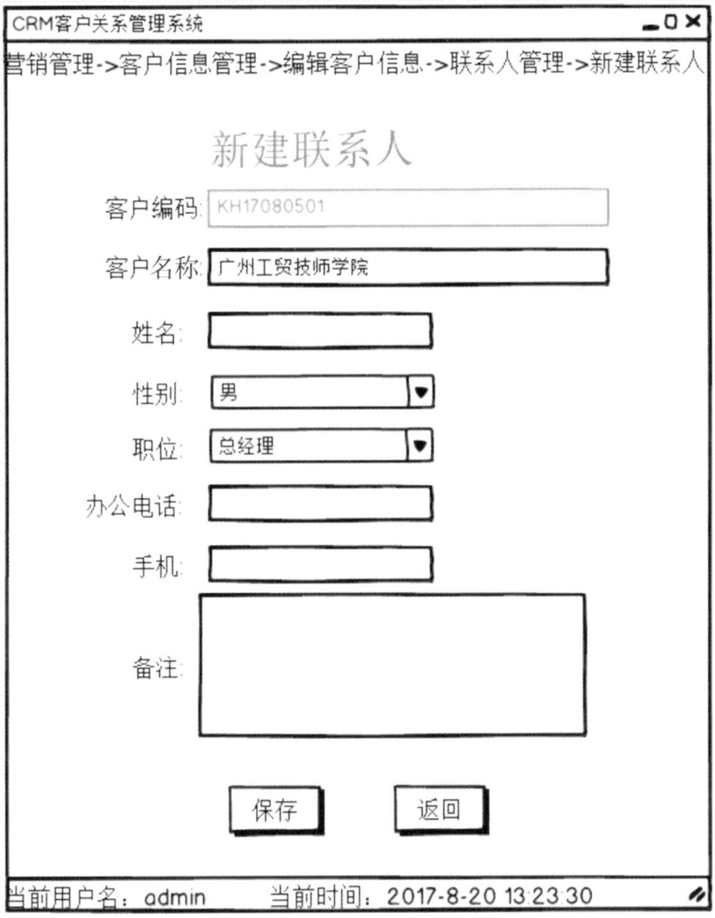

图2-51　新建联系人界面

要求：

（1）界面要求：不能少于界面要求的控件。

（2）数据填充功能：客户编码和名称自动填充。

（3）性别：使用选项框，数据只有男/女。

（4）职位：数据来源于数据字典表。

（5）保存按钮：完成数据添加功能。

（6）返回按钮：退回到联系人管理主界面。

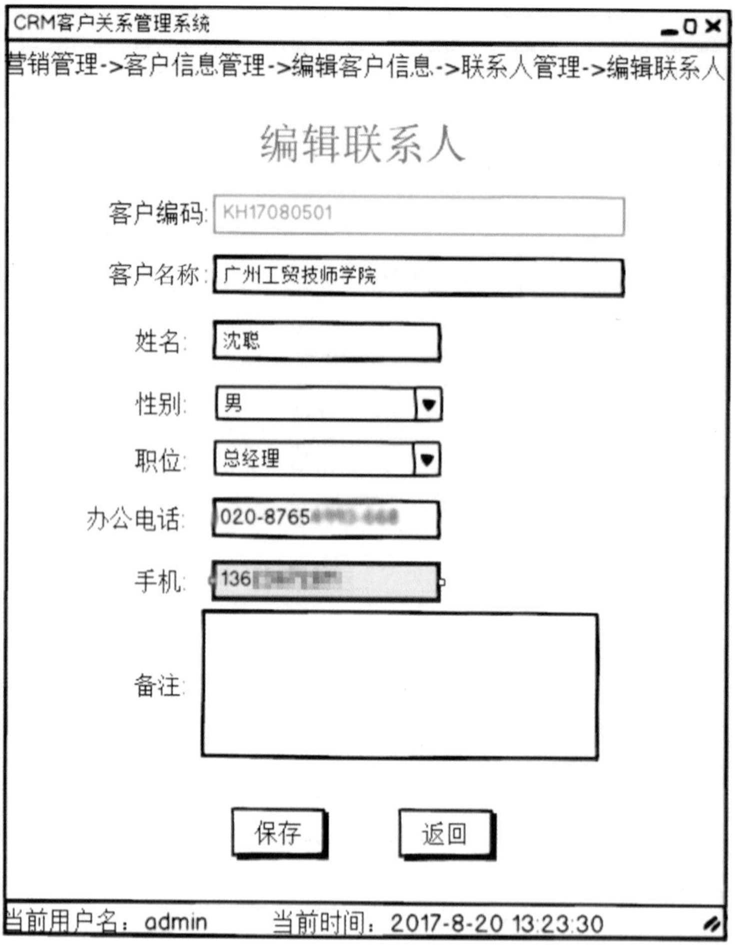

图2-52 编辑联系人界面

要求：

（1）界面要求：不能少于界面要求的控件。

（2）数据填充功能：客户编码和名称自动填充。

（3）性别：使用选项框，数据只有男/女。

（4）职位：数据来源于数据字典表。

（5）保存按钮：完成数据更新功能。

（6）返回按钮：退回到联系人管理主界面。

4.14 创建客户交往记录应用窗体

系统可以保存每个客户的交往记录。

输入要素：

客户经理完成客户服务后，需记录和客户交往的内容，特别是里程碑事件或有重大影响的事件。添加一个客户交往记录时需要记录事件发生的日期、地点、概要和详细信息，还可以填写一个备注信息。

处理流程：

先选择一个客户，然后针对这个客户维护交往记录信息。

输出要素：

客户的交往记录数据。

创建如图2-53所示的客户交往记录管理应用窗体。

图2-53 客户交往记录管理应用窗体

要求：

（1）界面要求：不能少于界面要求的控件。

（2）数据填充功能：根据客户编码自动填充数据。

（3）根据客户编码自动查询所有记录信息。

（4）新建按钮：进入如图2-54所示的新建交往记录界面。

（5）编辑按钮：进入如图2-55所示的编辑交往记录界面。

（6）删除按钮：直接删除交往记录信息。

（7）返回按钮：进入如图2-49所示的编辑客户信息界面。

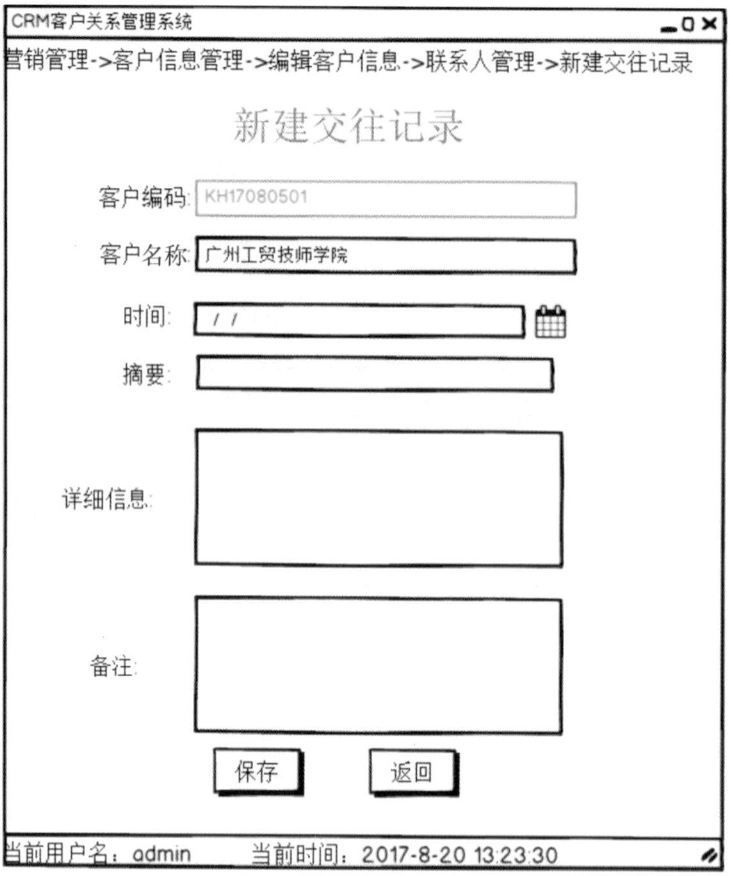

图2-54 新建交往记录界面

要求：

（1）界面要求：不能少于界面要求的控件。

（2）数据填充功能：客户编码和名称自动填充。

（3）保存按钮：完成数据添加功能。

（4）返回按钮：退回到联系人管理主界面。

（5）使用时间控件（YYYY - MM - DD）。

图2-55 编辑交往记录界面

要求：

（1）界面要求：不能少于界面要求的控件。

（2）数据填充功能：客户编码和名称自动填充。

（3）保存按钮：完成数据更新功能。

（4）返回按钮：退回到联系人管理主界面。

4.15 创建查看客户订单记录应用窗体

客户的历史订单数据是一个重要的信息。本系统中不提供订单管理的功能。订单数据需要从 Excel 文件导入。读取时只读取订单状态为"已发货"或"已回款"的数据。

输入要素：

选择 Excel 文件并导入。

本系统根据客户展示历史订单。

处理流程：

首先选择一个客户，然后查看这个客户的历史订单，再选择一条历史订单查看订单明细。

输出要素：

针对某一客户显示其全部已发货或已回款的历史订单，最新的订单显示在前面。需要在列表中显示订单的编号、下单日期、送货地址、订单状态。

创建如图2-56所示的客户订单历史记录应用窗体。

图2-56 客户订单历史记录应用窗体

要求：

（1）界面要求：不能少于界面要求的控件。

（2）数据填充功能：根据客户编码自动填充数据。

（3）根据客户编码自动查询所有记录信息。

（4）数据表自定义。

（5）导入功能：点击导入按钮，打开文件夹浏览器，选择导入文件，如图2-57所示。

图2-57 选择导入的文件

（6）查看按钮：根据订单信息，可以查看每个订单的明细信息。在订单明细中需要显示订单的总金额，如图2-58所示。

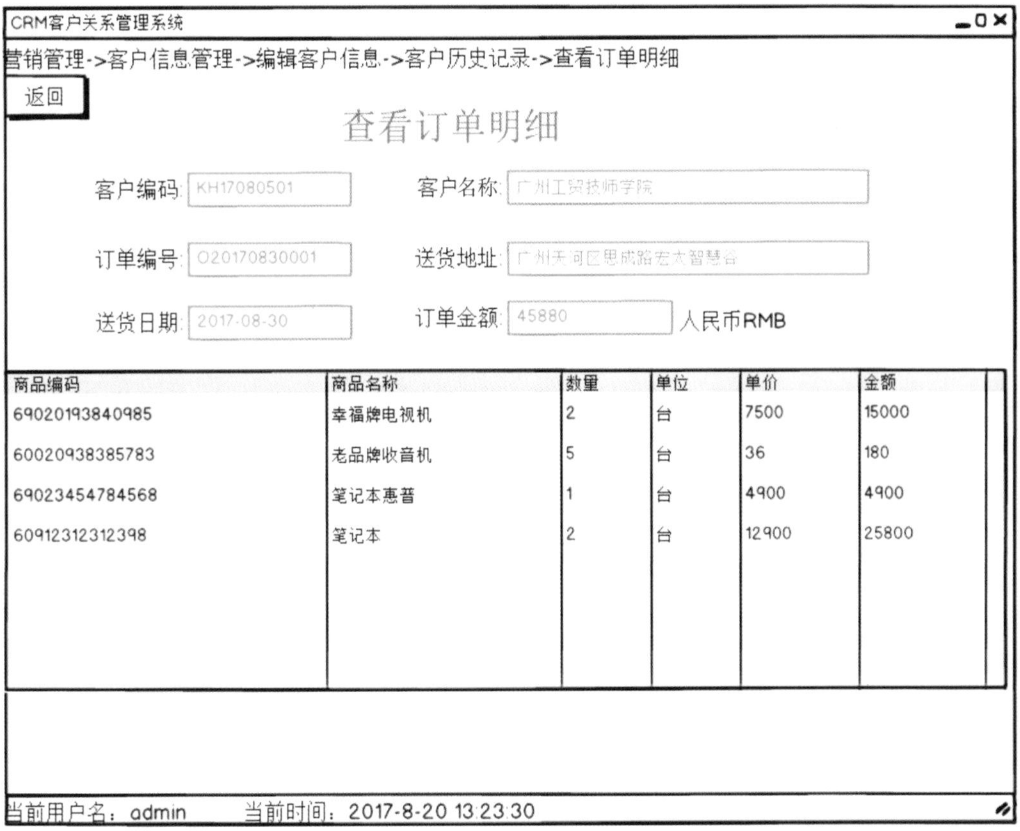

图2-58 查看订单明细界面

要求：

（1）界面要求：不能少于界面要求的控件。

（2）数据填充功能：根据客户编码和订单自动填充数据。

（3）根据客户编码自动查询所有记录信息。

（4）数据表自定义。

（5）返回按钮：回到客户订单历史记录主界面。

4.16 创建客户流失管理应用窗体

系统自动检索超过6个月没有购买行为的客户，并在本系统中提出预警。订单数据需要从 Excel 中获得，因此，本系统需要自定义订单数据。

输入要素：

（1）程序后台自动计算。

（2）用户执行暂缓流失。

（3）用户执行确定流失。

处理流程：

每周六 24:00 系统自动检索订单数据，如果发现有超过 6 个月没有购买行为的客户，则自动添加一条客户流失预警记录。

对客户流失预警可以采取"暂缓流失"和"确认流失"两种措施。但在"确认流失"前一定要采取"暂缓流失"措施。

输出要素：

即将流失的客户数据。

创建如图 2-59 所示的客户流失管理应用窗体。

图 2-59　客户流失管理应用窗体

要求：

（1）界面要求：不能少于界面要求的控件。

（2）查询按钮：根据客户、客户经理、下单日期、状态等信息进行模糊查询。

（3）数据表自定义。

（4）编辑按钮：进入客户流失管理编辑状态，可进行状态操作，如暂缓操作、确定流失操作等客户流失操作界面进行编辑；根据状态进入不同的操作界面，如果状态是 6 个月未下单（有可能流失）状态，则进入"暂缓操作"界面，如图 2-60 所示的客户暂缓流失管理界面；如果当前状态是"暂缓流失"，则进入客户确定流失管理界面，如图 2-61所示。

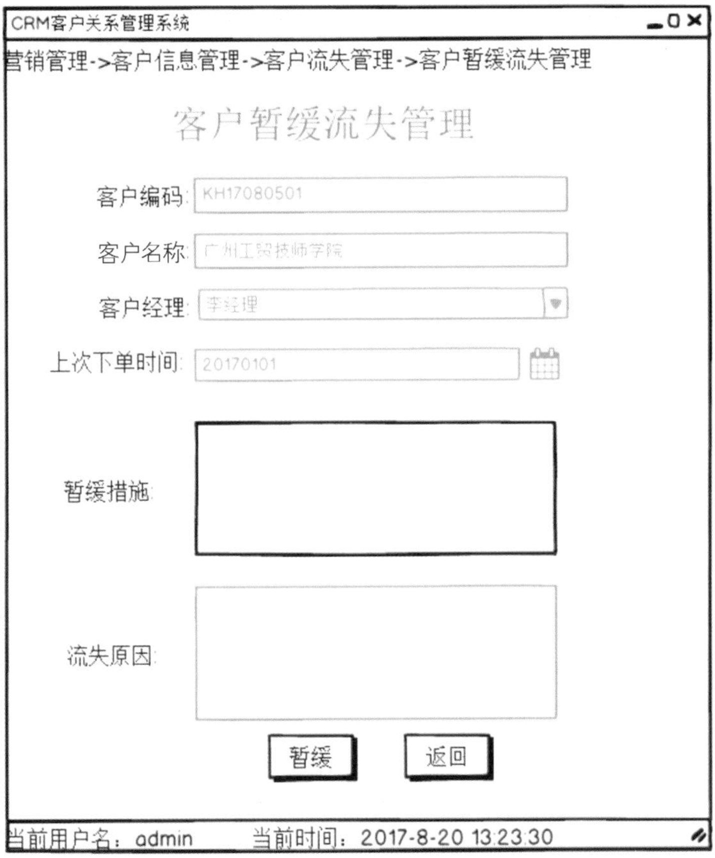

图 2-60 客户暂缓流失管理界面

要求：

（1）界面要求：不能少于界面要求的控件。

（2）编辑要求：只能编辑暂缓措施。

（3）暂缓按钮：保存暂缓措施，状态更改为暂缓状态。

选择一条客户流失预警记录，填写客户流失原因，确认客户流失。

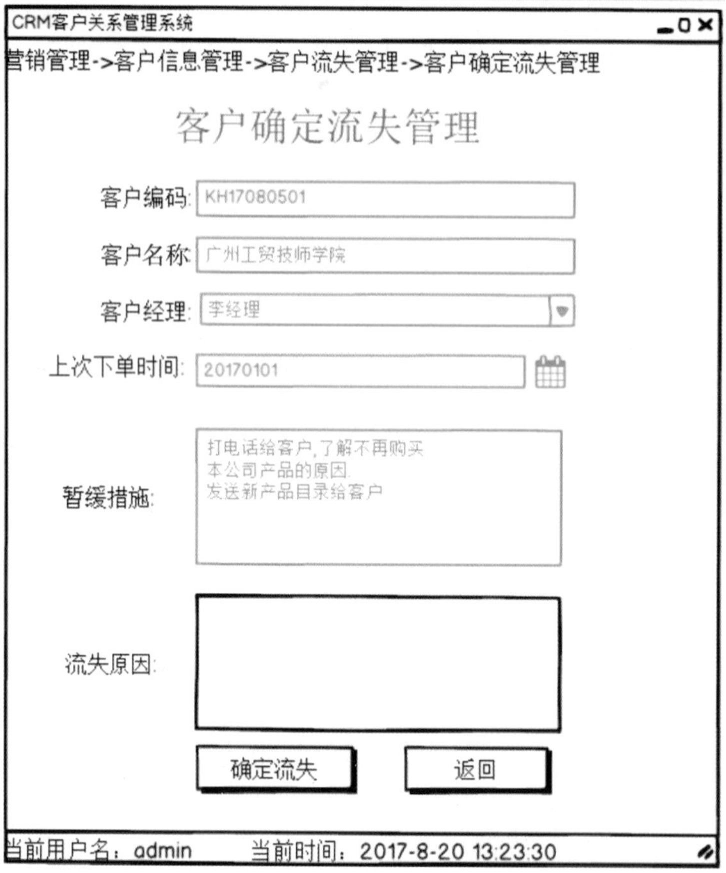

图2-61　客户确定流失管理界面

要求：

（1）界面要求：不能少于界面要求的控件。

（2）编辑要求：只能编辑流失原因。

（3）确定流失按钮：保存流失按钮，状态更改为"已流失"。

4.17　创建客户服务创建应用窗体

客户服务是客户管理的重要工作。我们的销售团队可以通过及时帮助客户解决问题、打消顾虑，提高客户满意度，还可以帮助我们随时了解客户的动态，以便采取应对措施。

使用者：

客户经理。

处理流程：

服务添加成功后仍返回服务创建页面，显示空表单，准备填写下一条服务。

输入要素：

当客户收到客户服务请求的时候，要创建一条服务单据。服务单据录入界面如图2-62 所示。服务单号由系统自动生成；服务类型由数据字典维护，选择输入；创建人为当前登录用户；创建时间为当前系统时间。

输出要素：

添加成功的服务数据，状态为"新创建"。

程序设计：

创建一个应用程序，该程序能够让客服人员录入服务信息，以便客户追踪。

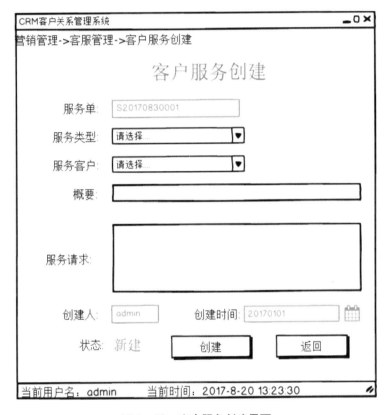

图2-62　客户服务创建界面

要求：

（1）窗体布局：需要有标题栏、输入控件、选项框（以图2-62为标准）、时间按钮、时间控件等。

（2）服务单：自动生成，生成规则S（1位）+年月日（8位）+流水号（3位）。

（3）服务编辑框、创建人编辑框、创建时间编辑框不可编辑；创建人根据系统用户登录自动填充；时间同步数据库所在的电脑名称。

（4）服务类型：数据来源于数据字典表。

（5）服务客户：数据来源于客户表。

（6）创建按钮：完成新增数据功能。

（7）返回按钮：退回到客户管理主界面。

4.18 创建客户服务分配应用窗体

销售主管对状态为"新创建"的服务单据进行分配，专事专管。

使用者：

销售主管。

输入要素：

分配给的对象通过选择输入，候选项包括所有状态为"正常"的系统用户。

处理流程：

选择一条状态为"新创建"的服务单据，分配给专人。

输出要素：

服务分配给专人后，服务单据的状态修改为"已分配"。需要记录分配时间。

程序设计：

设计客户服务分配应用窗体，如图 2 – 63 所示。

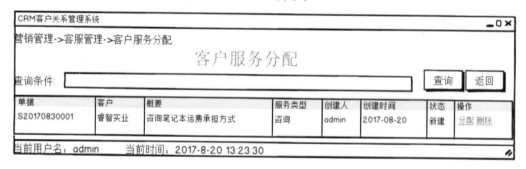

图 2 –63　客户服务分配应用窗体

要求：

（1）窗体布局：需要有标题栏、查询条件（以图 2 – 63 为标准）、查询按钮、时间控件、分配与删除按钮等。

（2）查询功能：根据单据、客户、概要、服务类型、创建人、状态、创建时间进行模糊查询。

（3）分配功能：弹出分配窗体如图 2 – 64 所示，完成分配后刷新数据。

（4）查询条件：必须是状态为"新建"。

（5）删除功能：只能删除新建的服务单。

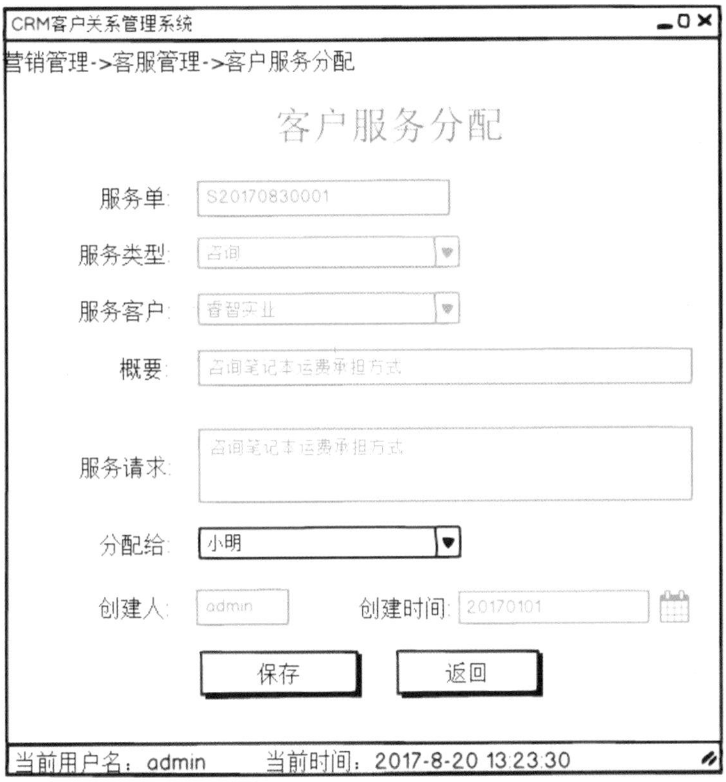

图 2 - 64　客户服务分配界面

要求：

（1）窗体布局：需要有标题栏、输入框、选项框（以图 2 - 64 为标准）、查询按钮、时间控件、分配与删除按钮等。

（2）被分配人的数据来源于用户表。

（3）除"分配给"选项框外所有输入框不可编辑。

（4）数据保存成功后状态更改为"已分配"。

4.19　创建客户服务处理应用窗体

被分配处理服务的客户经理负责对服务请求做出处理，并在系统中录入处理的方法。

使用者：

客户经理。

输入要素：

填写处理的方法，系统自动记录处理人和处理时间。

处理流程：

首先查询得到状态为"已分配"的服务单据，选择一个进行处理。

输出要素：

处理完成的服务单据状态改为"已处理"。

创建如图 2-65 所示的客户服务处理应用窗体。

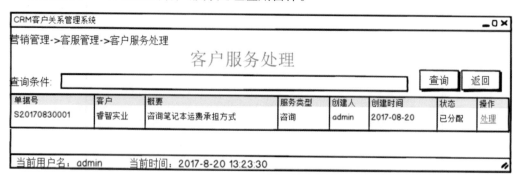

图 2-65　客户服务处理应用窗体

要求：

（1）窗体布局：需要有标题栏、查询条件（以图 2-65 为标准）、查询按钮、时间控件、处理按钮等。

（2）查询功能：根据单据号、客户、概要、服务类型、创建人、状态、创建时间进行模糊查询。

（3）查询条件：必须是状态为"已分配"。

（4）处理功能弹出分配窗体如图 2-66 所示，完成分配后刷新数据。

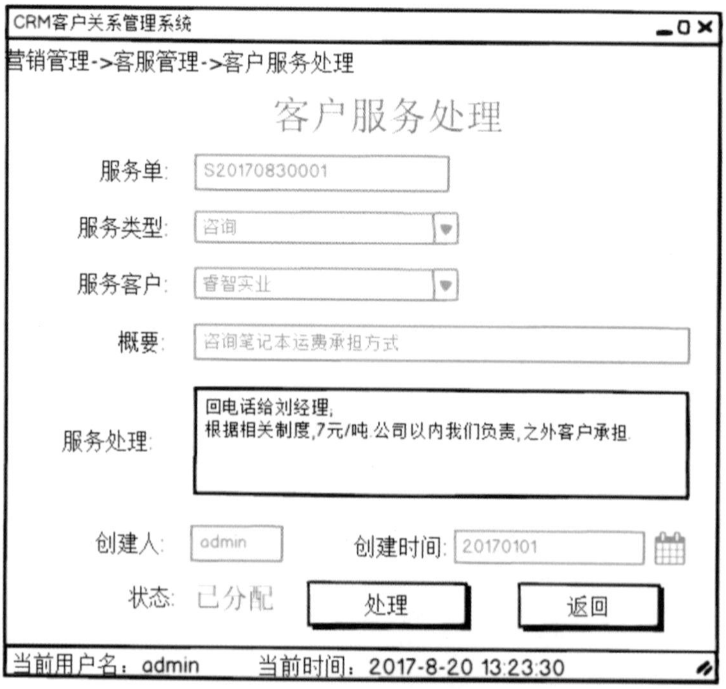

图 2-66　客户服务处理界面

要求：

（1）窗体布局：需要有标题栏、输入框、选项框（以图2-66为标准）、查询按钮、时间控件、分配与删除按钮等。

（2）所有输入框不可编辑。

（3）数据保存成功后状态更改为"已处理"。

4.20　创建客户服务反馈应用窗体

对状态为"已处理"的服务单据主动联系客户进行反馈，填写处理结果。

使用者：

客户经理。

输入要素：

需要填写处理结果，并选择客户对服务处理的满意度。客户满意度为1~5的值。

处理流程：

首先查询得到状态为"已处理"的服务单据，选择一个进行反馈。填写处理结果和满意度后提交。

输出要素：

客户满意度不同，服务单据的流转也不同。如果客户满意度大于等于3，服务单据状态改为"已归档"。如果服务满意度小于3，服务状态改为"已分配"，重新进行处理。

程序设计：

创建客户服务反馈应用窗体如图2-67所示。

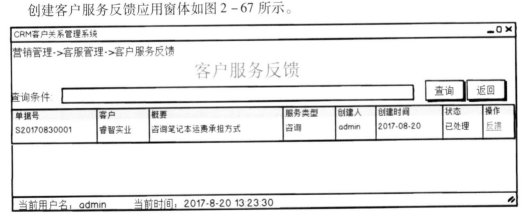

图2-67　客户服务反馈应用窗体

要求：

（1）窗体布局：需要有标题栏、查询条件（以图2-67为标准）、查询按钮、时间控件、处理按钮等。

（2）查询按钮：根据单据号、客户、概要、服务类型、创建人、状态、创建时间进行模糊查询。

（3）查询条件：必须是状态为"已处理"。

（4）反馈按钮：弹出分配窗体如图 2－68 所示，完成分配后刷新数据。

图 2－68　客户服务反馈界面

要求：

（1）窗体布局：需要有标题栏、输入框、选项框（以图 2－68 为标准）、查询按钮、时间控件、分配与删除按钮等。

（2）除了"满意度"选项框，其他所有输入框不可编辑。

（3）数据保存成功后状态更改为"已反馈"。

4.21　创建客户服务归档应用窗体

创建一个窗体可以查询所有客服服务的历史记录；要求所有历史记录能根据组合条件进行查询。

使用者：

客户经理。

输入要素：

客服、客户名称、服务时间范围、服务类型、服务单号，服务单号为空代表所有单号，默认列出 1 月内所有服务归档信息。

输出要素：

服务单号、客户名称、概要、服务类型、状态、创建人、创建时间、客服、处理时间、处理结果、满意度。

程序设计：

创建一个应用窗体，可以查询所有客户服务的历史记录，如图 2-69 所示。

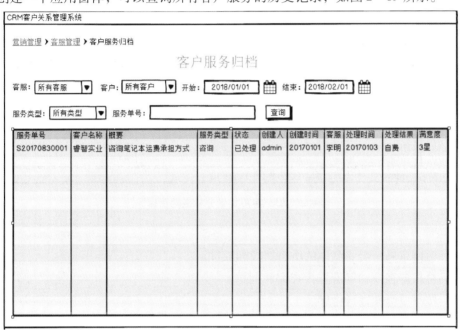

图 2-69　客户服务归档应用窗体

要求：

（1）窗体布局：需要窗体的所有字段和控件。

（2）客服选项：默认选项为所有客服，客服只能从客服列表中选择，禁止输入。

（3）客户选项：默认选项为所有客户，客户只能从客户列表中选择，禁止输入。

（4）开始日期：只能选择当天之前的日期。

（5）结束日期：必须大于等于开始时间，且只能选择当天之前的日期。

（6）服务类型：默认选项为所有类型，服务类型只能选择，禁止输入。

（7）服务单号：允许为空和允许输入，默认为空时代表查询所有单号。

（8）按服务单号升序排序。

4.22　创建客户贡献分析应用窗体

对客户下单的总金额进行统计，了解客户对企业的贡献。

输入要素：

可以根据客户名称或年份查询，默认列出全部客户和所有年份订单总金额。

输出要素：

显示客户名称和该客户下单的总金额。

程序设计：

创建一个应用窗体，可根据客户贡献进行统计分析，如图 2-70 所示。

图 2-70　客户贡献分析应用窗体

要求：

（1）窗体布局：需要窗体的所有字段和控件。

（2）可根据客户和年份进行查询和汇总。

（3）按订单金额进行排序。

（4）饼图按钮：进入如图 2-71 所示的客户贡献饼图。

（5）柱形按钮：进入如图 2-72 所示的客户订单汇总柱形图。

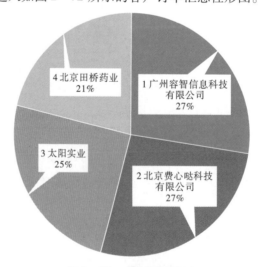

图 2-71　客户贡献饼图

要求：

（1）根据订单汇总绘制贡献比例饼图。

（2）标识客户与百分比。

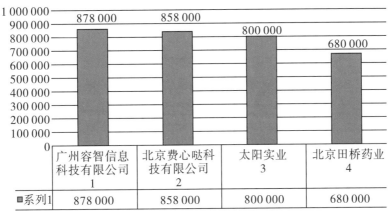

图 2-72　客户订单汇总柱形图

要求：

（1）根据订单金额绘制订单汇总柱形图。

（2）标识客户订单数值。

（3）需要报表名称。

4.23　创建客户构成分析应用窗体

了解某种类型的客户数量及所占比例。

输入要素：

可以选择报表方式，按客户等级统计、按信用度统计或按满意度统计。

输出要素：

列出统计项和该统计项下的客户数量。

程序设计：

创建一个应用窗体，可根据客户贡献进行统计分析，如图 2-73 所示。

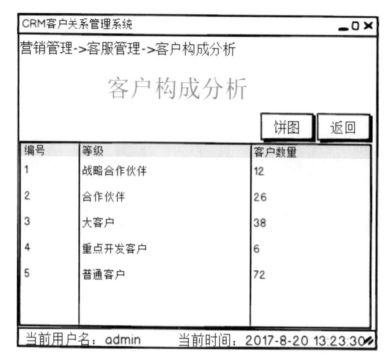

图2-73　客户构成分析应用窗体

要求：

（1）窗体布局：需要窗体的所有字段和控件。

（2）饼图按钮：弹出如图2-74所示的客户构成分析饼图。

（3）返回按钮：返回到客户服务管理界面。

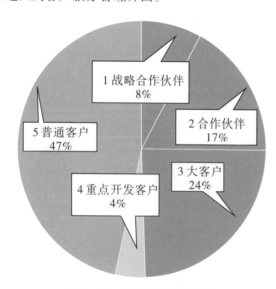

图2-74　客户构成分析饼图

4.24 创建客户服务统计分析应用窗体

根据服务类型对服务进行统计。

输入要素：

可以输入年份，只统计该年的服务数据。

输出要素：

客户服务分类柱形图。

程序设计：

创建客户服务统计分析应用窗体，如图2-75所示。

图2-75 客户服务统计分析应用窗体

要求：

（1）窗体布局：需要窗体的所有字段和控件。

（2）柱形图按钮：弹出客户服务统计柱形图，如图2-76所示。

（3）返回按钮：返回到客户服务管理界面。

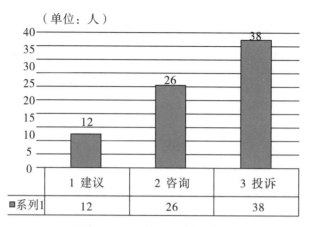

图 2 - 76   客户服务统计柱形图

5. 任务评审标准

本任务评审的详细技能标准及权重具体见表 2 - 17。

表 2 - 17   评审标准

部分	技能标准	权重
1. 工作组织和管理	个人需要知道和理解： ➢ 团队高效工作的原则与措施 ➢ 系统组织的原则和行为 ➢ 系统的可持续性、策略性、实用性 ➢ 从各种资源中识别、分析和评估信息 个人应能够： ➢ 合理分配时间，制订每日开发计划 ➢ 使用计算机或其他设备以及一系列软件包 ➢ 运用研究技巧和技能，紧跟最新的行业标准 ➢ 检查自己的工作是否符合客户与组织的需求	5
2. 交流和人际交往技能	个人需要知道和理解： ➢ 聆听技能的重要性 ➢ 与客户沟通时，严谨与保密的重要性 ➢ 解决误解和冲突的重要性 ➢ 取得客户信任并与之建立高效工作关系的重要性 ➢ 写作和口头交流技能的重要性	5

（续上表）

部分	技能标准	权重
2. 交流和人际交往技能	个人应能够使用读写技能： ➢ 遵循指导文件中的文本要求 ➢ 理解工作场地说明和其他技术文档 ➢ 与最新的行业准则保持一致 个人应能够使用口头交流技能： ➢ 对系统说明进行讨论并提出建议 ➢ 使客户及时了解系统进展情况 ➢ 与客户协商项目预算和时间表 ➢ 收集和确定客户需求 ➢ 演示推荐的和最终的软件解决方案 个人应能够使用写作技能： ➢ 编写关于软件系统的文档（如技术文档、用户文档） ➢ 使客户及时了解系统进展情况 ➢ 确定所开发的系统符合最初的要求并获得用户的签收 个人应能够使用团队交流技能： ➢ 与他人合作开发所要求的成果 ➢ 善于团队协作，共同解决问题 个人应能够使用项目管理技能： ➢ 对任务进行优先排序，并做出计划 ➢ 分配任务资源	
3. 问题解决、革新和创造性	个人需要知道和理解： ➢ 软件开发中常见问题类型 ➢ 企业组织内部常见问题类型 ➢ 诊断问题的方法 ➢ 行业发展趋势，包括新平台、语言、规则和专业技能 个人应能够使用分析技能： ➢ 整合复杂和多样的信息 ➢ 确定说明中的功能性和非功能性需求 个人应能够使用调查和学习技能： ➢ 获取用户需求（如通过交谈、问卷调查、文档搜索和分析、联合应用设计和观察） ➢ 独立研究遇到的问题 个人应能够使用解决问题技能： ➢ 及时地查出并解决问题 ➢ 熟练地收集和分析信息 ➢ 制订多个可选择的方案，从中选择最佳方案并实现	5

（续上表）

部分	技能标准	权重
4. 分析和设计软件解决方案	个人需要知道和理解： ➢ 确保客户最大利益来开发最佳解决方案的重要性 ➢ 使用系统分析和设计方法的重要性（如统一建模语言） ➢ 采用合适的新技术 ➢ 系统设计最优化的重要性<hr>个人应能够分析系统： ➢ 用例建模和分析 ➢ 结构建模和分析 ➢ 动态建模和分析 ➢ 数据建模工具和技巧 个人应能够设计系统： ➢ 类图、序列图、状态图、活动图 ➢ 面向对象设计和封装 ➢ 关系或对象数据库设计 ➢ 人机互动设计 ➢ 安全和控制设计 ➢ 多层应用设计	30
5. 开发软件解决方案	个人需要知道和理解： ➢ 确保客户最大利益来开发最佳解决方案的重要性 ➢ 使用系统开发方法的重要性 ➢ 考虑所有正常和异常以及异常处理的重要性 ➢ 遵循标准（如编码规范、风格指引、UI 设计、管理目录和文件）的重要性 ➢ 准确与一致的版本控制的重要性 ➢ 使用现有代码作为分析和修改的基础 ➢ 从所提供的工具中选择最合适的开发工具的重要性<hr>个人应能够： ➢ 使用数据库管理系统 SQL Server 来为所需系统创建、存储和管理数据 ➢ 使用最新的 . NET 开发平台 Visual Studio 开发一个基于客户端/服务器架构的软件解决方案 ➢ 评估并集成合适的类库与框架到软件解决方案中构建多层应用 ➢ 为基于 Client – Server 的系统创建一个网络接口	40

（续上表）

部分	技能标准	权重
6. 测试软件解决方案	个人需要知道和理解： ➢ 迅速判定软件应用的常见问题 ➢ 全面测试软件解决方案的重要性 ➢ 对测试进行存档的重要性 个人应能够： ➢ 安排测试活动（如单元测试、容量测试、集成测试、验收测试等） ➢ 设计测试用例，并检查测试结果 ➢ 调试和处理错误 ➢ 生成测试报告	10
7. 编写软件解决方案文档	个人需要知道和理解： ➢ 使用文档全面记录软件解决方案的重要性 个人应能够： ➢ 开发出具有专业品质的用户文档和技术文档	5

6. 任务评分标准

本任务的评分标准如表 2 – 18 所示。

表 2 – 18　评分标准

WSSS Section （世界技能大赛标准）		Criteria（标准）					Mark （评分）
		A （系统分析设计）	B （软件开发）	C （开发标准）	D （系统文档）	E （系统展示）	
1	工作组织和管理	3	2				5
2	交流和人际交往技能		5				5
3	问题解决、革新和创造性		5				5
4	分析和设计软件解决方案	22	8				30
5	开发软件解决方案		35	5			40

（续上表）

WSSS Section （世界技能大赛标准）		Criteria （标准）					Mark （评分）
		A （系统分析设计）	B （软件开发）	C （开发标准）	D （系统文档）	E （系统展示）	
6	测试软件解决方案		5		5		10
7	编写软件解决方案文档					5	5
Total （总分）		25	60	5	5	5	100

7. 系统分值

本任务的系统分值如表 2 – 19 所示。

表 2 – 19　系统分值

Criteria （标准）	Description （描述）	SM （主观评分）	OM （客观评分）	TM （总分）	Mark （评分）
A	系统分析设计		20 ~ 35	20 ~ 35	25
B	软件开发		45 ~ 70	45 ~ 70	60
C	开发标准		3 ~ 5	3 ~ 5	5
D	系统文档		5	5	5
E	系统展示	5		5	5
小计		5	95	100	100

8. 评分细则

本任务的评分细则如表 2 – 20 所示。

表2-20 评分细则

Criteria（标准）	Sub Criteria（子标准）	Aspect（方向）	Aspect Description（方向描述）	Aspect of Sub Criterion Description（子方向描述）	Mark（评分）	Result（得分结果）
A	A1	O1	提交文件、命名规范	按照规则正确命名，包括文件夹名、数据库文件名、程序名、项目名。命名错误每个扣0.2分，缺少文件每个扣1分，扣完为止	2	
		O2	设计菜单权限的E-R图	包含用户、角色、窗体、页面四个主要的实体类。少一个扣0.5分，扣完为止	2	
				E-R图的关系。每发现一处错误扣1分，扣完为止	1	
		O3	数据库设计	数据库名称	1	
				数据字典。每发现一处错误扣0.5分	4	
				按工作页要求创建数据表，少一个扣0.5分；外键的正确创建，少一个或错误扣0.5分；字段命名规范，扣完为止	8	
		O4	功能结构图	完成客户关系管理系统（CRM）的整体功能结构图	2	
				客户关系管理系统（CRM）功能结构图需要有三层结构	3	
				上下级功能附属关系正确	2	

（续上表）

Criteria （标准）	Sub Criteria （子标准）	Aspect （方向）	Aspect Description （方向描述）	Aspect of Sub Criterion Description （子方向描述）	Mark （评分）	Result （得分结果）
B	B1	O1	创建登录界面窗体	窗体布局设计；标题、布局、控件，少一个扣0.1分	0.4	
				数据库自动链接校验功能	0.4	
				用户名和密码校验功能	0.4	
				登录校验	0.4	
		O2	创建客户关系管理系统（CRM）主界面	CRM主窗体：用户管理、基础数据、营销管理、客户管理、退出系统按钮；每个按钮能进入对应子窗体。每发现一处错误扣0.02分，扣完为止	0.5	
				用户管理子系统：用户注册、密码修改、返回并能实现对应的链接和返回功能。每发现一处错误扣0.02分，扣完为止	0.5	
				基础数据维护：数据字典、产品管理、库存管理、返回并能实现对应链接和返回功能。每发现一处错误扣0.02分，扣完为止	0.5	
				营销管理：创建营销机会、客户开发计划、客户信息管理、客户流失管理、返回主界面。每发现一处错误扣0.02分，扣完为止	0.5	
				客服管理：客户服务创建、客户服务分配、客户服务处理、客户服务反馈、客户服务归档、客户贡献分析、客户构成分析、客户服务分析、客户流失分析、返回主界面。每发现一处错误扣0.02分，扣完为止	0.5	

（续上表）

Criteria（标准）	Sub Criteria（子标准）	Aspect（方向）	Aspect Description（方向描述）	Aspect of Sub Criterion Description（子方向描述）	Mark（评分）	Result（得分结果）
B	B1	O3	创建数据字典管理应用窗体	页面布局：不能少于窗体上的布局。每发现一处错误扣0.02分，扣完为止	0.4	
				数据查询功能：能根据模糊查询功能进行数据查询。每发现一处错误扣0.02分，扣完为止	0.2	
				帮助按钮：点击帮助按钮弹出帮助文档。每发现一处错误扣0.02分，扣完为止	0.1	
				数据显示功能：数据表能根据条件显示对应数据。每发现一处错误扣0.02分，扣完为止	0.5	
				新建按钮：进入新建窗体如图2-19并实现新增数据功能。每发现一处错误扣0.02分，扣完为止	0.5	
				编辑按钮：进入编辑窗体如图2-22并实现编辑数据和保存功能。每发现一处错误扣0.02分，扣完为止	0.5	
		O4	创建产品数据管理应用窗体	界面要求，按工作页的要求完成窗体设计。每发现一处错误扣0.02分	0.4	
				数据查询功能：能根据模糊查询进行数据查询。每发现一处错误扣0.02分	0.2	
				帮助按钮：点击帮助按钮弹出帮助文档。每发现一处错误扣0.02分	0.1	

（续上表）

Criteria（标准）	Sub Criteria（子标准）	Aspect（方向）	Aspect Description（方向描述）	Aspect of Sub Criterion Description（子方向描述）	Mark（评分）	Result（得分结果）
B	B1	O4	创建产品数据管理应用窗体	数据显示功能：数据表能根据条件显示对应数据。每发现一处错误扣0.02分	0.5	
				新建按钮：进入新建窗体如图2-26并完成新增功能。每发现一处错误扣0.02分	0.5	
				编辑按钮：进入编辑窗体如图2-31并完成编辑保存功能。每发现一处错误扣0.02分	0.5	
		O5	创建库存管理应用窗体	界面要求，按工作页的要求完成窗体设计。每发现一处错误扣0.02分	0.4	
				数据查询功能：根据条件进行模糊查询。每发现一处错误扣0.02分	0.4	
				显示所有的库存数据，超过10条记录需要分页。每发现一处错误扣0.02分	0.2	
				点击右上角的关闭按钮返回到主界面。每发现一处错误扣0.02分	0.1	
		O6	创建创建销售机会应用窗体	界面要求，按工作页的要求完成窗体设计。每发现一处错误扣0.02分	0.2	
				数据编辑功能：除单据、时间、创建人外都可以编辑	0.4	
				数据长度要求：根据字段大小限制输入框的长度	0.4	

（续上表）

Criteria （标准）	Sub Criteria （子标准）	Aspect （方向）	Aspect Description （方向描述）	Aspect of Sub Criterion Description （子方向描述）	Mark （评分）	Result （得分结果）
B	B1	06	创建创建销售机会应用窗体	单据自动生成：格式 A（1 位）+ YYYY - MM - DD（8 位）+ 流水号（3 位）	0.4	
				创建人：根据登录用户自动填充，不可编辑	0.2	
				时间：根据系统时间（注意是数据库所在电脑时间）	0.2	
				数据按钮事件：点击保存按钮能将数据进行保存；如果有异常会弹出数据异常；点击返回按钮回到主界面	1	
		07	创建修改销售机会应用窗体	界面要求，按工作页的要求完成窗体设计。每发现一处错误扣 0.02 分	0.2	
				显示功能：所有数据都需要显示历史记录表	0.2	
				数据长度要求：根据字段大小限制输入框的长度	0.2	
				编辑和删除功能：已经指派销售机会的单子不能进行编辑和删除	0.2	
				查询：根据条件进行模糊查询	0.2	
				新建按钮：进入图 2 - 39 的创建销售机会界面并完成新增功能	1	
				编辑按钮：进入图 2 - 40 的销售机会编辑并实现保存功能	1	
				返回按钮：回到主界面	0.1	

（续上表）

Criteria （标准）	Sub Criteria （子标准）	Aspect （方向）	Aspect Description （方向描述）	Aspect of Sub Criterion Description （子方向描述）	Mark （评分）	Result （得分结果）
B	B1	O8	创建客户开发计划应用窗体	界面要求，按工作页的要求完成窗体设计。每发现一处错误扣0.02分	0.2	
				显示已经指派的销售机会	0.1	
				点击客户计划，进入图 2-42 的新建客户开发计划窗体	0.1	
				显示功能：根据单据显示所有的客户执行计划	0.2	
				编辑功能：所有输入框都不能编辑	0.2	
				新增按钮：进入图 2-43 的新增计划窗体；完成保存后更新数据	0.5	
				编辑按钮：进入图 2-44 的编辑计划窗体	0.5	
				删除按钮：删除指定记录	0.2	
				新增/编辑计划时，时间是以实际时间为准，不能修改	0.2	
				执行按钮：进入图 2-45 的执行计划界面	0.1	
		O9	创建执行客户开发计划应用窗体	界面要求，按工作页的要求完成窗体设计。每发现一处错误扣0.02分	0.2	
				客户计划不允许编辑	0.4	
				保存执行效果	1	
				更改执行状态	1	

（续上表）

Criteria （标准）	Sub Criteria （子标准）	Aspect （方向）	Aspect Description （方向描述）	Aspect of Sub Criterion Description （子方向描述）	Mark （评分）	Result （得分结果）
B	B1	O10	创建客户信息管理应用窗体	界面要求，按工作页的要求完成窗体设计。每发现一处错误扣0.02分	0.2	
				查询要求：根据客户信息、名称、地区、客户经理、等级进行模糊查询	0.2	
				新建按钮：进入图2-48的新增客户信息界面	0.2	
				返回按钮：回到营销主界面	0.2	
				删除按钮：删除对应记录以及相关记录；需要警报提示，如图2-47	0.5	
				编辑按钮：进入图2-49的编辑界面并完成编辑功能	1	
				数据编辑：客户编码需要唯一性校验	0.2	
				地区、信用度、满意度、客户等级选项框的数据来源于数据字典	0.5	
				客户经理选项框数据来自于用户表	0.2	
				保存按钮：完成数据保存功能	1	
				返回按钮：返回客户信息管理主界面	0.2	
				联系人：进入联系人管理界面如图2-50	0.2	
				交往记录：进入交往记录管理界面如图2-53	0.2	
				历史订单：进入历史订单记录查询界面如图2-56	0.2	

（续上表）

Criteria （标准）	Sub Criteria （子标准）	Aspect （方向）	Aspect Description （方向描述）	Aspect of Sub Criterion Description （子方向描述）	Mark （评分）	Result （得分结果）
B	B1	O11	创建联系人管理应用窗体	界面要求，按工作页的要求完成窗体设计。每发现一处错误扣0.02分	0.2	
				数据填充功能：根据客户编码自动填充数据	0.2	
				根据客户编码自动查询联系人数据	0.2	
				新建按钮：进入图2-51的新建联系人界面	0.1	
				编辑按钮：进入图2-52的编辑联系人界面	0.1	
				删除按钮：直接删除联系人信息	0.4	
				返回按钮：进入编辑客户信息界面如图2-49	0.1	
				数据填充功能：客户编码和名称自动填充	0.2	
				性别：使用选项框，数据只有男/女	0.1	
				职位：数据来源于数据字典表	0.1	
				保存按钮：完成数据新增或保存功能	1	
		O12	创建客户交往记录应用窗体	数据填充功能：根据客户编码自动填充数据	0.2	
				根据客户编码自动查询所有记录信息	0.2	
				新建按钮：进入图2-54的新建交往记录界面	0.2	
				编辑按钮：进入图2-55的编辑交往记录界面	0.2	

（续上表）

Criteria （标准）	Sub Criteria （子标准）	Aspect （方向）	Aspect Description （方向描述）	Aspect of Sub Criterion Description （子方向描述）	Mark （评分）	Result （得分结果）
B	B1	O12	创建客户交往记录应用窗体	删除按钮：直接删除交往记录信息	0.4	
				返回按钮：进入编辑客户信息界面如图 2－49	0.2	
				保存按钮：完成数据新增或更新功能	1.5	
				编辑界面的数据自动填充功能	0.4	
		O13	创建查看客户订单记录应用窗体	数据填充功能：根据客户编码自动填充数据	0.2	
				根据客户编码自动查询所有记录信息	0.2	
				数据表自定义	0.2	
				导入功能：点击导入按钮，打开文件夹浏览器，选择导入文件如图 2－57	1	
				查看订单明细：根据客户编码和订单自动填充数据；根据客户编码自动查询所有记录信息	1	
		O14	创建客户流失管理应用窗体	界面要求，按工作页的要求完成窗体设计。每发现一处错误扣 0.02 分	0.2	
				编辑要求：只能编辑暂缓措施	0.5	
				暂缓按钮：保存暂缓措施，状态改成暂缓状态	0.5	
				确定流失按钮：保存流失按钮；更改状态为"已流失"	0.5	

（续上表）

Criteria （标准）	Sub Criteria （子标准）	Aspect （方向）	Aspect Description （方向描述）	Aspect of Sub Criterion Description （子方向描述）	Mark （评分）	Result （得分结果）
B	B1	O15	创建客户服务创建应用窗体	界面要求，按工作页的要求完成窗体设计。每发现一处错误扣0.02分	0.2	
				服务单：自动生成，生成规则S（1位）＋年月日（8位）＋流水号（3位）	0.5	
				服务编辑框、创建人编辑框、创建时间编辑框不可编辑；创建人根据系统用户登录自动填充；时间同步数据库所在的电脑名称	0.5	
				服务类型：数据来源于数据字典表	0.2	
				服务客户：数据来源于客户表	0.2	
				创建按钮：完成新增数据功能	1	
				返回按钮：回到客户管理主界面	0.1	
		O16	创建客户服务分配应用窗体	界面要求，按工作页的要求完成窗体设计。每发现一处错误扣0.02分	0.2	
				查询功能：根据单据、客户、概要、服务类型、创建人、状态、创建时间进行模糊查询	0.2	
				分配功能：弹出分配窗体如图2-64，完成分配后刷新数据	0.5	
				查询条件：必须是状态为"新建"	0.2	
				删除功能：只能删除新建的服务单	0.5	
				被分配人的数据来源于用户表	0.2	
				除分配给选项框外所有输入框不可编辑	0.2	
				数据保存成功后状态更改为"已分配"	1	

（续上表）

Criteria（标准）	Sub Criteria（子标准）	Aspect（方向）	Aspect Description（方向描述）	Aspect of Sub Criterion Description（子方向描述）	Mark（评分）	Result（得分结果）
B	B1	O17	创建客户服务处理应用窗体	界面要求，按工作页的要求完成窗体设计。每发现一处错误扣0.02分	0.2	
				查询功能：根据单据、客户、概要、服务类型、创建人、状态、创建时间进行模糊查询	0.2	
				查询条件：必须是状态为"已分配"	0.2	
				处理功能：弹出分配窗体如图2-66，完成分配后刷新数据	1	
				数据保存成功后状态更改为"已处理"	0.5	
		O18	创建客户服务反馈应用窗体	查询功能：根据单据、客户、概要、服务类型、创建人、状态、创建时间进行模糊查询	0.2	
				查询条件：必须是状态为"已处理"	0.4	
				反馈功能：弹出分配窗体如图2-68，完成分配后刷新数据	1	
				数据保存成功后状态更改为"已反馈"	1	
		O19	创建客户服务归档应用窗体	自由定义窗体功能和报表功能；要求需要自定义查询功能	2	

（续上表）

Criteria （标准）	Sub Criteria （子标准）	Aspect （方向）	Aspect Description （方向描述）	Aspect of Sub Criterion Description （子方向描述）	Mark （评分）	Result （得分结果）
B	B1	O20	创建客户贡献分析应用窗体	界面要求，按工作页的要求完成窗体设计。每发现一处错误扣0.02分	0.2	
				可根据客户和年份进行查询和汇总	1	
				按订单金额进行排序	0.5	
				饼图按钮：进入如图2-71的客户贡献饼图并实现正确统计	2	
				柱形图按钮：进入如图2-72的客户订单汇总柱形图并实现正确统计	3	
		O21	创建客户构成分析应用窗体	界面要求，按工作页的要求完成窗体设计。每发现一处错误扣0.02分	0.2	
				饼图按钮：弹出客户构成分析饼图如图2-74并正确实现饼图统计功能	3	
				返回按钮：返回到客户服务管理界面	0.5	
		O22	创建客户服务统计分析应用窗体	界面要求，按工作页的要求完成窗体设计。每发现一处错误扣0.02分	0.2	
				柱形图按钮：弹出客户服务统计柱形图如图2-76	3	
				返回按钮：返回到客户服务管理界面	0.2	

（续上表）

Criteria （标准）	Sub Criteria （子标准）	Aspect （方向）	Aspect Description （方向描述）	Aspect of Sub Criterion Description （子方向描述）	Mark （评分）	Result （得分结果）
C	C1	O1	应用程序 Logo	每个页面都需要程序 Logo。少一个扣 0.1 分，扣完为止	1	
		O2	页面标题	正确的页面标题。错误一个扣 0.1 分，扣完为止	1	
		O3	字体	标题字体：四号加粗宋体；正文字体：五号宋体。错误一个扣 0.1 分，扣完为止	1	
		O4	页面布局	页面布局须直观、清晰，发现页面控件没对齐、溢出、看不清等扣 0.1 分，扣完为止	2	
D	D1	O1	系统文档	测试文档得 0.5 分	0.5	
				正确的测试数据和结果得 1 分。错误一个扣 0.2 分，扣完为止	1	
				提交操作手册得 0.5 分	0.5	
				操作手册中正确描述功能、合适的图片、正确的操作指南得 2 分；采购有流程说明得 1 分。每发现一个错误扣 0.2 分，扣完为止	3	
E	E1	S1	PPT 制作与展示	展示出所开发系统的所有部分。使用截屏并确保展示能够流畅地表现出部分之间的衔接	5	
				确保演示文稿是专业的和完整的（包含母版、切换效果、动画效果、链接）		
				良好的语言表达、演示方式、礼仪礼貌、演讲技巧		

三、工作任务二：设计客户关系管理软件的测试方案

1. 任务要求

（1）把握系统需求。

（2）根据系统功能编写测试计划。

（3）根据系统功能及测试计划编写测试方案。

（4）根据系统测试方案对软件开发成果进行测试。

2. 任务成果清单

本任务需要提交的任务成果清单如表 2 – 21 所示。（说明：所有文件保存在 MODULE_2 文件夹）

表 2 – 21　任务成果清单

序号	内容	命名	备注
1	系统测试计划	CRM_TEST_PLAN. doc	
2	系统测试用例	CRM_TEST_PRAM_×××. doc	×××表示某功能的测试用例
3	系统测试报告	CRM_TEST_REPORT. doc	

3. 知识和技能要求

（1）软件质量与软件测试。

软件质量：软件特性的总和，软件满足规定或潜在用户需求的能力。

软件测试：在规定条件下对程序进行操作，对软件质量进行评估，包括对软件形成过程的文档、数据以及程序进行测试。

（2）软件测试与质量保证。

软件测试只是质量保证工作中的一个环节，软件质量保证与软件测试是软件质量工程的两个不同层面的工作。

软件测试：通过执行软件，对过程中的产物（开发文档和程序）进行检查，从而发现问题，检测软件的质量。

质量保证：通过预防、检查与改进来保证软件质量，采用全面质量管理和过程改进的原理开展质量保证工作；主要关注软件质量的检查与测试，软件开发活动的过程、步骤和特点。

（3）软件测试的目的。

测试是程序的执行过程，目的在于发现错误。一个成功的测试发现了至今未发现的

错误。

（4）软件测试原则。

①所有的软件测试都应追溯到用户需求。

②应当把"尽早地和不断地进行软件测试"作为测试者的座右铭。

③完全测试是不可能的，测试需要终止。

④测试无法显示软件潜在的缺陷。

⑤充分注意测试中的群集现象。

⑥程序员应避免检查自己的程序。

⑦避免测试的随意性。

（5）软件测试对象。

程序开发过程中的各个文档、源程序。

（6）软件测试过程模型——V 模型。

V 模型是软件开发瀑布模型的变种，主要反映测试活动中分析和设计的关系。

局限性：把测试作为编码之后的最后一个活动，需求分析等前期产生的错误只能到后期的验收测试才能发现。

（7）软件测试过程模型——W 模型。

在 V 模型的基础上，增加了开发阶段的同步测试，形成 W 模型。测试与开发同步进行，有利于尽早发现问题。

局限性：仍把开发活动看成是从需求开始到编码结束的串行活动，只有上一阶段完成后，才可以开始下一阶段的活动，不能支持迭代、自发性以及变更调整。

（8）软件测试过程模型——H 模型。

在 H 模型中，软件测试过程活动完全独立，贯穿于整个产品的周期，与其他流程同时进行，某个测试点准备就绪时，就可以从测试准备阶段进行到测试执行阶段。软件测试应尽早进行，而且可以根据被测物的不同而分层次进行。

4. 任务内容

4.1　编辑客户关系管理软件测试计划

软件测试计划是引导控制测试工作按照计划执行的指南针。软件测试计划应该包含的元素有测试所需资源、测试策略、测试风险预测等。

要求：

需要有引言、计划、测试设计说明、评价准则，如图 2 - 77 所示。

图2-77　软件测试计划目录要求

要求编辑客户关系管理软件测试计划如图2-77软件测试计划目录要求所示。

（1）引言。

本测试计划的具体编写目的为指出预期的读者范围。

背景：测试计划从属的软件系统的名称；该开发项目的历史，列出用户和执行此项目测试的计算中心，说明在开始执行本测试计划之前必须完成的各项工作。

定义：列出本文件中用到的专业术语的定义和外文首字母组词的原词组。

参考资料：列出要用到的参考资料，如本项目经核准的计划任务书或合同、上级机关的批文；属于本项目的其他已发表的文件；本文件中各处引用的文件、资料，包括所要用到的软件开发标准。列出这些文件的标题、文件编号、发表日期和出版单位；说明能够得到这些文件资料的来源。

（2）计划。

软件说明：提供一份图表，并逐项说明被测软件的功能、输入和输出等质量指标，作为叙述测试计划的提纲。

测试内容：列出组装测试和确认测试中的每一项测试内容的名称标识符，这些测试的进度安排以及内容和目的，例如模块功能测试、接口正确性测试、数据文卷存取的测试、运行时间的测试、设计约束和极限的测试等。

测试样式如下，最少包含10个测试表：

测试1（标识符）：给出这项测试内容的参与单位及被测试的部位。

测试 2（标识符）：给出这项测试内容的参与单位及被测试的部位。

（3）测试设计说明。

说明对每一项测试内容的设计目的。

控制：说明本测试的控制方式，如输入是人工、半自动或自动引入；控制操作的顺序以及结果的记录方法。

输入：说明本项测试中所使用的输入数据及选择这些输入数据的策略。

输出：说明预期的输出数据，如测试结果及可能产生的中间结果或运行信息。

过程：说明完成此项测试的一个个步骤和控制命令，包括测试的准备、初始化、中间步骤和运行结束方式。

（4）评价准则。

范围：说明所选择的测试用例能够检查的范围及其局限性。

数据整理：为了把测试数据加工成便于评价的适当形式，使得测试结果可以同已知结果进行比较而要用到的转换处理技术，如手工方式或自动方式。如果是用自动方式整理数据，还要说明为进行处理将会用到的硬件、软件资源。

尺度：用来判断测试工作是否能通过的评价尺度，如合理的输出结果的类型、测试输出结果与预期输出结果之间容许偏离的范围、允许中断或停机的最大次数。

4.2　编辑客户关系管理系统的功能测试用例

对象的功能测试应侧重于所有可直接追踪用例或业务功能业务规则的测试需求。这种测试的目标是核实数据的接受、处理和检索是否正确，以及业务规则的实施是否恰当。主要测试技术方法为用户通过 GUI（图形用户界面）与应用程序交互，对交互的输出或接受进行分析，以此来核实需求功能与实现功能是否一致。

根据测试模板完成客户关系管理系统的功能测试用例：

（1）编制如表 2－22 的客户关系管理系统（CRM）登录功能测试用例。

（2）编写客户关系管理系统（CRM）系统主菜单测试用例。

（3）编写客户关系管理系统（CRM）数据字典测试用例。

（4）编写客户关系管理系统（CRM）产品信息管理测试用例。

（5）编写客户关系管理系统（CRM）库存管理测试用例。

（6）编写客户关系管理系统（CRM）新建营销机会测试用例。

（7）编写客户关系管理系统（CRM）修改销售机会测试用例。

（8）编写客户关系管理系统（CRM）客户开发计划测试用例。

（9）编写客户关系管理系统（CRM）执行客户开发计划测试用例。

（10）编写客户关系管理系统（CRM）客户信息管理测试用例。

（11）编写客户关系管理系统（CRM）联系人管理测试用例。

（12）编写客户关系管理系统（CRM）客户交往记录测试用例。

（13）编写客户关系管理系统（CRM）查看客户订单记录测试用例。

（14）编写客户关系管理系统（CRM）客户流失管理测试用例。

（15）编写客户关系管理系统（CRM）客户服务创建测试用例。

（16）编写客户关系管理系统（CRM）客户服务分配测试用例。

（17）编写客户关系管理系统（CRM）客户服务处理测试用例。

（18）编写客户关系管理系统（CRM）客户服务反馈测试用例。

（19）编写客户关系管理系统（CRM）客户服务归档测试用例。

（20）编写客户关系管理系统（CRM）客户贡献分析测试用例。

（21）编写客户关系管理系统（CRM）客户构成分析测试用例。

表 2-22　客户关系管理系统（CRM）登录功能测试用例

1.　编号：Project_ CRM_ Login_ 1			
项目/软件	CRM 客户关系管理	程序版本	V1.0
功能模块	登录功能	编制人	林天升、曹小萍
用例编号	Project_ CRM_ Login_ 1	编制时间	2017－08－20
相关用例	Project_ CRM_ MainMenu_ 1		
功能特性	系统的初始窗体，并进行用户的合法性验证		
测试目的	验证是否输入合法的信息，阻止非法登录，以保证系统的安全特性		
预置条件	数据库中存储了一些用户信息	特殊规程说明	区分大小写
参考信息	工作页中关于"登录"的说明		
测试数据	用户名 = admin，密码 = 00000（数据库表中有相应的信息）		

2.　客户关系管理——登录功能测试用例

操作步骤	操作描述	数据	期望结果	实际结果	测试状态
1	初始化登录窗体，双击 CRM 客户关系管理应用程序	无	1.　如果能链接到数据库则弹出登录窗口，焦点在用户名输入框内 2.　如果链接数据库失败则提示不能链接数据库的警告	符合	P
2	直接点击登录按钮	用户名 = 空 密码 = 空	显示警告信息"用户名不能为空"	符合	P
3	输入错误的用户名 test	用户名 = test 密码 = 空	显示警告信息"用户名不存在"	符合	P
4	输入正确的用户名 admin 和错误的密码 000	用户名 = admin 密码 = 000	显示警告信息"密码错误"	符合	P
5	输入正确的用户名和正确的密码	用户名 = admin 密码 = 00000	进入系统主界面	符合	P
测试人员	林天升、曹小萍	开发人员	陈定桔	负责人	张泽光

4.3　设计客户关系管理系统的测试报告

测试报告是把测试的过程和结果写成文档，并对发现的问题和缺陷进行分析，为纠正软件存在的质量问题提供依据，同时为软件验收和交付打下基础。

本测试报告具体的编写目的为指出预期的读者范围。

示例：本测试报告为×××项目的测试报告，目的在于总结测试阶段的测试以及分析测试结果，描述系统是否符合需求（或达到×××功能目标）。预期参考人员包括用户、测试人员、开发人员、项目管理者、其他质量管理人员和需要阅读本报告的高层经理。

提示：通常，用户对测试结论部分感兴趣，开发人员希望从缺陷结果分析得到产品开发质量的信息，项目管理者测试执行中的成本、资源和时间，而高层经理希望能够阅读到简单的图表并且能够与其他项目进行同向比较。此部分可以具体描述为什么类型的人可参考本报告×××页×××章节，你的报告的读者越多，你的工作越容易被人重视。但是前提是必须让阅读者感到你的报告是有价值而且值得花费一些时间去关注的。（测试报告的模板和样式如附录：软件测试报告模板）。

5.　任务评审标准

本任务评审的详细技能标准及权重具体见表2－23。

表2－23　评审标准

部分	技能标准	权重
1. 工作组织和管理	个人需要知道和理解： ➤ 团队高效工作的原则与措施 ➤ 系统组织的原则和行为 ➤ 系统的可持续性、策略性、实用性 ➤ 从各样资源中识别、分析和评估信息 个人应能够： ➤ 合理分配时间，制订每日开发计划 ➤ 使用电脑设备以及一系列软件包 ➤ 运用研究技巧和技能，紧跟最新的行业标准 ➤ 检查自己的工作是否符合客户与组织的需求	5

（续上表）

部分	技能标准	权重
2. 交流和人际交往技能	个人需要知道和理解： ➤ 聆听技能的重要性 ➤ 与客户沟通时，严谨与保密的重要性 ➤ 解决误解和冲突的重要性 ➤ 取得客户信任并与之建立高效工作关系的重要性 ➤ 写作和口头交流技能的重要性	
	个人应能够使用读写技能： ➤ 遵循指导文件中的文本要求 ➤ 理解工作场地说明和其他技术文档 ➤ 与最新的行业准则保持一致 个人应能够使用口头交流技能： ➤ 对系统说明进行讨论并提出建议 ➤ 使客户及时了解系统进展情况 ➤ 与客户协商项目预算和时间表 ➤ 收集和确定客户需求 ➤ 演示推荐的和最终的软件解决方案 个人应能够使用写作技能： ➤ 编写关于软件系统的文档（如技术文档、用户文档） ➤ 让客户及时了解系统进展情况 ➤ 确定所开发的系统符合最初的要求并获得用户的签收 个人应能够使用团队交流技能： ➤ 与他人合作开发所要求的成果 ➤ 善于团队协作共同解决问题 个人应能够使用项目管理技能： ➤ 对任务进行优先排序，并做出计划 ➤ 对任务分配资源	5

（续上表）

部分	技能标准	权重
3. 问题解决，革新和创造性	个人需要知道和理解： ➤ 软件开发中常见问题类型 ➤ 企业组织内部常见问题类型 ➤ 诊断问题的方法 ➤ 行业发展趋势，包括新平台、语言、规则和专业技能 个人应能够使用分析技能： ➤ 整合复杂和多样的信息 ➤ 确定说明中的功能性和非功能性需求 个人应能够使用调查和学习技能： ➤ 获取用户需求（例如通过交谈、问卷调查、文档搜索和分析、联合应用设计和观察） ➤ 独立研究遇到的问题 个人应能够使用解决问题技能： ➤ 及时地查出并解决问题 ➤ 熟练地收集和分析信息 ➤ 制订多个可选择的方案，从中选择最佳方案并实现	5
4. 分析和设计软件解决方案	个人需要知道和理解： ➤ 确保客户最大利益来开发最佳解决方案的重要性 ➤ 使用系统分析和设计方法的重要性（例如统一建模语言） ➤ 采用合适的新技术 ➤ 系统设计最优化的重要性 个人应能够分析系统，使用： ➤ 用例建模和分析 ➤ 结构建模和分析 ➤ 动态建模和分析 ➤ 数据建模工具和技巧 个人应能够设计系统，使用： ➤ 类图、序列图、状态图、活动图 ➤ 面向对象设计和封装 ➤ 关系或对象数据库设计 ➤ 人机互动设计 ➤ 安全和控制设计 ➤ 多层应用设计	30

（续上表）

部分	技能标准	权重
5. 开发软件解决方案	个人需要知道和理解： ➢ 确保客户最大利益来开发最佳解决方案的重要性 ➢ 使用系统开发方法的重要性 ➢ 考虑所有正常和异常以及异常处理的重要性 ➢ 遵循标准（例如编码规范、风格指引、UI 设计、管理目录和文件）的重要性 ➢ 准确与一致的版本控制的重要性 ➢ 使用现有代码作为分析和修改的基础 ➢ 从所提供的工具中选择最合适的开发工具的重要性 个人应能够： ➢ 使用数据库管理系统 MS SQL Server 来为所需系统创建、存储和管理数据 ➢ 使用最新的 . NET 开发平台 Visual Studio 开发一个基于客户端、服务器架构的软件解决方案 ➢ 评估并集成合适的类库与框架到软件解决方案中，构建多层应用 ➢ 为基于 Client—Server 的系统创建一个网络接口	40
6. 测试软件解决方案	个人需要知道和理解： ➢ 迅速判定软件应用的常见问题 ➢ 全面测试软件解决方案的重要性 ➢ 对测试进行存档的重要性 个人应能够： ➢ 安排测试活动（例如单元测试、容量测试、集成测试、验收测试） ➢ 设计测试用例，并检查测试结果 ➢ 调试和处理错误 ➢ 生成测试报告	10
7. 编写软件解决方案文档	个人需要知道和理解： ➢ 使用文档全面记录软件解决方案的重要性 个人应能够开发出： ➢具有专业品质的用户文档 ➢ 具有专业品质的技术文档	5

6. 任务评分标准

本任务的评分标准如表 2－24 所示。

表 2－24　评分标准

WSSS Section（世界技能大赛标准）		Criteria（标准）					Mark（评分）
		A（系统分析设计）	B（软件开发）	C（开发标准）	D（系统文档）	E（系统展示）	
1	工作组织和管理	3	2				5
2	交流和人际交往技能		5				5
3	问题解决，革新和创造性		5				5
4	分析和设计软件解决方案	22	8				30
5	开发软件解决方案		35	5			40
6	测试软件解决方案		5		5		10
7	编写软件解决方案文档					5	5
Total（总分）		25	60	5	5	5	100

7. 系统分值

本任务的系统分值如表 2－25 所示。

表 2－25　系统分值

Criteria（标准）	Description（描述）	SM（主观评分）	OM（客观评分）	TM（总分）	Mark（评分）
A	系统分析设计		5～10	5～10	10
B	软件开发		45～75	45～75	75
C	开发标准		3～5	3～5	5
D	系统文档		5	5	5
E	系统展示	5		5	5
小计		5	95	100	100

8. 评分细则

本任务的评分细则如表 2 – 26 所示。

表 2 – 26　评分细则

Criteria（标准）	Sub Criteria（子标准）	Aspect（方向）	Aspect Description（方向描述）	Aspect of Sub Criterion Description（子方向描述）	Mark（评分）	Result（得分结果）
A	A1	O1	提交文件、命名规范	按照规则正确命名，包括文件夹名，命名错误每个扣 0.5 分，缺少文件每个扣 1 分，扣完为止	10	
B	B1	O1	编辑客户关系管理测试计划	需要有引言、计划、测试设计说明、评价标准。每发现一处错误扣 1 分	15	
		O2	编辑客户关系管理系统的功能测试用例	编制如表 2 – 22 的客户关系管理系统（CRM）登录功能测试用例	2	
				编写客户关系管理系统（CRM）主菜单测试用例	2	
				编写客户关系管理系统（CRM）数据字典测试用例	2	
				编写客户关系管理系统（CRM）产品信息管理测试用例	2	
				编写客户关系管理系统（CRM）库存管理测试用例	2	
				编写客户关系管理系统（CRM）新建营销机会测试用例	2	
				编写客户关系管理系统（CRM）修改销售机会测试用例	2	
				编写客户关系管理系统（CRM）客户开发计划测试用例	2	
				编写客户关系管理系统（CRM）执行客户开发计划测试用例	2	
				编写客户关系管理系统（CRM）客户信息管理测试用例	2	
				编写客户关系管理系统（CRM）联系人管理测试用例	2	
				编写客户关系管理系统（CRM）客户交往记录测试用例	2	
				编写客户关系管理系统（CRM）查看客户订单记录测试用例	2	

（续上表）

Criteria （标准）	Sub Criteria （子标准）	Aspect （方向）	Aspect Description （方向描述）	Aspect of Sub Criterion Description （子方向描述）	Mark （评分）	Result （得分结果）
B	B1	O2	编辑客户关系管理系统的功能测试用例	编写客户关系管理系统（CRM）客户流失管理测试用例	2	
				编写客户关系管理系统（CRM）客户服务创建测试用例	2	
				编写客户关系管理系统（CRM）客户服务分配测试用例	2	
				编写客户关系管理系统（CRM）客户服务处理测试用例	2	
				编写客户关系管理系统（CRM）客户服务反馈测试用例	2	
				编写客户关系管理系统（CRM）客户服务归档测试用例	2	
				编写客户关系管理系统（CRM）客户贡献分析测试用例	2	
				编写客户关系管理系统（CRM）客户构成分析测试用例	2	
		O3	设计客户关系管理系统的测试报告	按附件要求完成测试报告开发。每发现一处错误扣0.02分，扣完为止	18	
C	C1	O1	应用程序 Logo	每个页面都需要程序 Logo。少一个扣0.1分，扣完为止	1	
		O2	页面标题	正确的页面标题。错误一个扣0.1分，扣完为止	1	
		O3	字体	标题字体：四号加粗宋体；正文字体：五号宋体。错误一个扣0.1分，扣完为止	1	
		O4	页面布局	页面布局须直观、清晰，发现页面控件没对齐、溢出、看不清等扣0.1分，扣完为止	2	

（续上表）

Criteria （标准）	Sub Criteria （子标准）	Aspect （方向）	Aspect Description （方向描述）	Aspect of Sub Criterion Description （子方向描述）	Mark （评分）	Result （得分结果）
D	D1	O1	系统文档	测试文档得 0.5 分	0.5	
				正确的测试数据和结果得 1 分。每个错误扣 0.2 分，扣完为止	1	
				提交操作手册得 0.5 分	0.5	
				操作手册中正确描述功能、合适的图片、正确的操作指南得 2 分；采购有流程说明得 1 分。每发现一个错误扣 0.2 分，扣完为止	3	
E	E1	S1	PPT 制作与展示	展示出所开发系统的所有部分。使用截屏并确保展示能够流畅地表现出部分之间的衔接。确保演示文稿是专业的和完整的（包含母版、切换效果、动画效果、链接）。良好的语言表达、演示方式、礼仪礼貌、演讲技巧	5	

附录：软件测试报告模板

集成测试/系统测试/验收测试

When this document is released, it is to be followed and adhered to. If you have suggestions for improving this document, please e-mail your ideas to the author listed on the cover page. When released, a Change Control Board (CCB) would have reviewed this document and approved electronically via a Document Change Order (DCO).

版本变更记录

变更人	版本更新	变更日期	变更范围	变更说明

目　录

1 简介

1.1 目的

测试报告是把测试的过程和结果写成文档，并对发现的问题和缺陷进行分析，为纠正软件存在的质量问题提供依据，同时为软件验收和交付打下基础。

本测试报告具体的编写目的是指出预期的读者范围。

示例：本测试报告为×××项目的测试报告，目的在于总结测试阶段的测试以及分析测试结果，描述系统是否符合需求（或达到×××功能目标）。预期参考人员包括用户、测试人员、开发人员、项目管理者、其他质量管理人员和需要阅读本报告的高层经理。

提示：通常，用户对测试结论部分感兴趣，开发人员希望从缺陷结果分析得到产品开发质量的信息，项目管理者重视测试执行中成本、资源和时间，而高层经理希望能够阅读到简单的图表并且能够与其他项目进行同向比较。此部分可以具体描述为什么类型的人可参考本报告×××页×××章节，你的报告读者越多，你的工作越容易被人重视。但是前提是必须让阅读者感到你的报告是有价值而且值得花一点时间去关注的。

1.2 背景

说明：

（1）测试报告所属的软件名称。

（2）开发项目的简介，说明制定测试报告之前必须完成的各项工作。

1.3 参考资料

列出要用到的参考资料，如：

（1）本项目的经核准的计划任务书或合同、上级机关的批文。

（2）属于本项目的其他已发表的文件。

（3）本文件中各处引用的文件、资料，包括所要用到的软件开发标准。列出这些文件的标题、文件编号、发表日期和出版单位，说明得到这些文件资料的来源。

1.4 术语、缩写与解释

术语、缩写	解释

2　测试概要

2.1　测试环境与配置

简要介绍测试环境及其配置。对于网络设备和要求也可以使用相应的表格，对于三层架构的，可以根据网络拓扑图列出相关配置。提示：如果系统/项目内容比较多，则用表格方式列出。

（1）测试环境网络拓扑图。

（2）服务器配置。

其中又可分为：数据库服务器、应用服务器、Web 服务器。对于每个服务器的配置，可分别就 CPU、内存、硬盘（可用空间大小）、操作系统、应用软件、机器网络名、局域网等项进行说明。

（3）客户端配置。

可分别就 CPU、内存、硬盘（可用空间大小）、操作系统、应用软件、机器网络名、局域网等项进行说明。

2.2　测试方法（和工具）

简要介绍测试中采用的方法和工具。提示：主要是黑盒测试，测试方法可以写上测试的重点和采用的测试方法，这样就可以一目了然地知道是否遗漏了重要的测试点和关键块。

工具为可选项，当使用到测试工具和相关工具时，要予以说明。注意要注明是自产还是厂商，版本号是多少，在测试报告发布后要避免大多工具的版权问题。

3　测试结果及缺陷分析

这部分主要汇总各种数据并进行度量，度量包括对软件产品的质量度量和产品评估、对测试过程的度量和能力评估。对于不需要过程度量或者相对较小的项目，例如用于验收时提交用户的测试报告、小型项目的测试报告，可省略过程方面的度量部分。需要提供过程改进建议和参考的测试报告——主要用于公司内部测试改进和缺陷预防机制——其过程度量需要列出。

3.1　测试执行情况与记录

3.1.1　测试版本

给出测试的版本，如果是最终报告，可能要报告测试次数回归测试多少次。列出表格清单以便于知道哪个子系统/子模块的测试频度，对于多次回归的子系统/子模块将引起开发者关注。

3.1.2　测试组织

可列出简单的测试组架构图，包括：

（1）测试组架构（如存在分组、用户参与等情况）。

（2）测试经理（领导人员）。

（3）主要测试人员。

（4）参与测试人员。

3.1.3 测试时间与测试费用

（1）测试时间。

列出测试的跨度和工作量，最好区分测试文档和活动的时间。数据可供过程度量使用。在任务一栏可以按照系统的功能点列举。

任务	开始时间	结束时间	总计
合计			

（2）测试费用。

对于大系统/项目来说最终要统计资源的总投入，必要时要增加成本一栏，以便管理者清楚地知道究竟花费了多少人力和成本去完成测试。

测试类型	人员成本	工具设备	其他费用
总计			

3.2 覆盖分析

3.2.1 需求覆盖

需求覆盖率是指经过测试的需求和需求规格说明书中所有需求的比值，通常情况下要达到100%的目标。根据测试结果，按编号给出每一测试需求的通过与否结论。Y表示通过，P表示部分通过，N表示未通过，N/A表示不可测试。实际上，需求跟踪矩阵列出了一一对应的用例情况以避免遗漏，此表作用为传达需求的测试信息以供检查和审核。

需求覆盖率＝Y项/需求总数×100%

需求（或编号）	测试类型	是否通过	备注
		［Y］［P］［N］［N/A］	

3.2.2　测试覆盖

实际上，测试用例已经记载了预期结果数据，测试缺陷上说明了实测结果数据和与预期结果数据的偏差；因此这里没有必要对每个编号包含更详细说明的缺陷记录与偏差，列表的目的仅在于更好地查看测试结果。

测试覆盖率＝执行数/用例总数×100％。

需求（或编号）	用例个数	执行总数	未执行	未/漏测分析和原因

3.3　缺陷统计与分析

缺陷统计主要涉及被测系统的质量，因此，这成为开发人员、质量人员重点关注的部分。

3.3.1　缺陷汇总

最好给出缺陷的饼图和柱状图以便直观查看。俗话说一图胜千言，图标能够使阅读者迅速获得信息，尤其是各层面管理人员，因为他们很难有时间去逐项阅读文章。

（1）概括：

Closed Bug 数	遗留 Bug 数	总计

（2）按严重程度：

Critical	Major	Minor	Cosmetic	建议与新增

（3）按缺陷类型：

Function	Interface	User Interface	Bulid	Documentation	Performance	Norms	Other

（4）按功能分布：

功能一	功能二	功能三	功能四	功能五	功能六	功能七

（5）按模块分布：

模块一	模块二	模块三	模块四	模块五	模块六	模块七

（6）按造成 Bug 的人员分布：

人员	个数

（7）按发现 Bug 的人员分布：

人员	个数

3.3.2 缺陷分析

本部分对上述缺陷和其他收集数据进行综合分析。

（1）缺陷综合分析。

缺陷发现效率＝缺陷总数/执行测试用时（可具体到测试人员得出平均指标）。

用例质量＝缺陷总数/测试用例总数×100%。

缺陷密度＝缺陷总数/功能点总数。

缺陷密度可以得出系统各功能或各需求的缺陷分布情况，开发人员可以在此分析基础上得出哪部分功能/需求缺陷最多，从而在今后开发过程中尽量避免，并注意在实施时予以关注。测试经验表明：测试缺陷越多的部分，其隐藏的缺陷也越多。

（2）测试曲线图。

描绘被测系统每工作日/周缺陷数情况，得出缺陷走势和趋向。

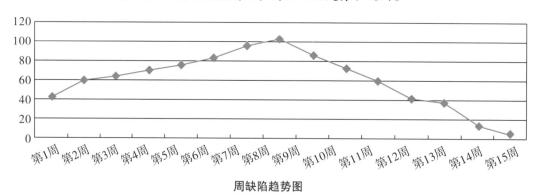

周缺陷趋势图

（3）重要缺陷摘要。

缺陷编号	简要描述	分析结果	备注

3.3.3 遗留问题

包括遗留问题、解决措施和说明。

4 测试结论与建议

报告到了这个部分就是总结了，对上述过程、缺陷分析之后该下个结论，此部分为项目经理、部门经理以及高层经理所关注，请清晰扼要地下定论。

4.1 测试结论

（1）测试执行是否充分（可以增加对安全性、可靠性、可维护性和功能性的描述）。

（2）对测试风险的控制措施和成效。

（3）测试目标是否完成。

（4）测试是否通过。

（5）是否可以进入下一阶段项目目标。

4.2 建议

（1）对系统存在问题的说明，描述测试所揭露的软件缺陷和不足，以及可能给软件实施和运行带来的影响。

（2）可能存在的潜在缺陷和后续工作。

（3）对缺陷修改和产品设计的建议。

（4）对过程改进方面的建议。

5 附录

本次测试的 Bug 单，来自 Bug 管理工具（可选）。